U0314164

冶金工业出版社

普通高等教育"十四五"规划教材

爆破光测实验技术

杨仁树　岳中文　主编

北　京
冶　金　工　业　出　版　社
2021

内 容 提 要

本书全面系统介绍了爆炸加载动态数字图像相关法实验方法、爆炸加载动态光弹性实验方法、爆炸加载动态焦散线实验方法，以及高速纹影实验方法等。通过对本书的学习，读者能够深入了解各种光测实验方法的原理和操作步骤，掌握如何将光测力学实验方法应用于爆破实验研究中，了解当前用于爆破光测实验的各类高速摄像机的性能、参数及选择方法。

本书可供爆破光测领域的科研及工程技术人员参考，也可作为土木工程、采矿工程等专业的本科生及研究生教材。

图书在版编目（CIP）数据

爆破光测实验技术/杨仁树，岳中文主编 . —北京：冶金工业出版社，2021. 3

普通高等教育"十四五"规划教材

ISBN 978-7-5024-8791-1

Ⅰ. ①爆… Ⅱ. ①杨… ②岳… Ⅲ. ①爆破—光测法—高等学校—教材 Ⅳ. ①TB41

中国版本图书馆 CIP 数据核字（2021）第 065990 号

出 版 人　苏长永

地　　址　北京市东城区嵩祝院北巷 39 号　邮编　100009　电话　(010)64027926
网　　址　www. cnmip. com. cn　电子信箱　yjcbs@ cnmip. com. cn
责任编辑　王梦梦　美术编辑　吕欣童　版式设计　禹　蕊
责任校对　卿文春　李　娜　责任印制　禹　蕊
ISBN 978-7-5024-8791-1
冶金工业出版社出版发行；各地新华书店经销；三河市双峰印刷装订有限公司印刷
2021 年 3 月第 1 版，2021 年 3 月第 1 次印刷
787mm×1092mm　1/16；8. 5 印张；201 千字；125 页
36. 00 元

冶金工业出版社　投稿电话　(010)64027932　投稿信箱　tougao@cnmip. com. cn
冶金工业出版社营销中心　电话　(010)64044283　传真　(010)64027893
冶金工业出版社天猫旗舰店　yjgycbs. tmall. com
（本书如有印装质量问题，本社营销中心负责退换）

前　言

光测实验是应用基本光学原理，结合力学理论和数学推演，通过实验手段测量物体中的应力、应变、位移等力学参数，从而研究和探索物体的变形机理、破坏机理和固有力学行为的一种方法。随着高速摄影和图像处理技术的快速发展，光测实验方法与高速摄影技术相结合，逐渐形成了一种爆破实验方法——爆破光测实验方法。

本书共 7 章，第 1 章为引言；第 2 章介绍了与光测实验相关的光学基础知识，为后续学习爆破光测实验技术提供了理论基础；第 3~6 章分别介绍了爆炸加载动态数字图像相关法实验方法、爆炸加载动态光弹性实验方法、爆炸加载动态焦散线实验方法以及高速纹影实验方法的基本原理、实验系统、实验步骤和实验案例；第 7 章介绍了高速摄影技术的发展及高速相机的分类和选择，拓宽了读者对爆破光测实验技术的认识。在每章最后设计了练习题，以帮助读者巩固所学知识，提高技术应用能力。

本书由杨仁树和岳中文主编。博士后邱鹏，博士研究生王煦、彭麟智等参与了本书的编写工作。编者在此感谢杨立云、高祥涛、张士春、田世颖、许鹏、陈程、左进京、丁晨曦对本书实验内容的支持。在编写过程中，作者参阅了国内外有关文献，在此向文献作者表示感谢。

本书内容涉及多学科领域，由于作者学识所限，书中不妥之处敬请读者批评指正。

编　者

2020 年 12 月

目　录

1 引　言

1.1　技　术　背　景

　　爆破技术广泛应用于矿山开采、隧道开挖、爆破拆除等工程中。由于爆破过程的瞬态性、岩体的不透明性、测试手段的局限性，爆破工程设计和参数选取常常依赖于工程人员的经验，这不利于爆炸能量的高效利用和爆破效果的精细化控制。岩石爆破研究的热点和难点主要为爆破能量释放与爆破裂纹扩展的精细控制原理。

　　为了研究岩石爆破中的关键问题，需借助一系列实验测试技术。传统的爆破实验手段具有一定的局限性，如数据采集困难、实验成本较高等，不利于科学研究。相比之下，爆破光测实验是一种更加便捷有效的研究手段。光测力学实验方法具有操作简便、非接触测量的优势，可以直观地分析爆破过程。近年来，随着超高速摄影和图像处理技术的进步，爆破光测技术得到了快速发展，为研究爆破过程中爆生气体的作用、爆炸应力波传播和裂纹扩展等基础问题提供了良好的实验手段。

1.2　爆破光测实验技术

　　爆破光测实验技术是一种将光测力学实验方法应用于爆破研究的技术。本书首先讲解爆破光测实验技术中涉及的光学基础知识，随后介绍爆炸加载动态数字图像相关法实验、爆炸加载动态光弹性实验、爆炸加载动态焦散线实验以及高速纹影实验4种实验方法。每种方法重点叙述实验原理、实验系统，并提供爆炸加载实验案例。爆炸加载动态数字图像相关法适用于测量全场位移、应变，尤其可用于对岩石等不透明材料进行爆破实验研究。爆炸加载动态光弹性方法适用于观测全场应力波变化和应力场分布，但对测试材料要求较高，材料需具备暂时双折射特性。爆炸加载动态焦散线方法适用于研究爆生裂纹问题，观测裂纹尖端局部场的应力变化情况。高速纹影方法适用于研究爆炸冲击波及爆轰产物的传播。

2 光学基本知识

2.1 光 的 本 性

2.1.1 微粒说

牛顿（Isaac Newton）所倡导的光的微粒说认为：光是从发光体发出的以一定速度向空间传播的微粒流。光的微粒说比较确切地对光的直线传播作了解释，依据是牛顿第一定律，微粒在不受外力作用时，由于其惯性沿直线运动。

结合力学中的弹性碰撞理论，利用微粒说还能够说明光的反射规律。按照万有引力定律，当光从密度小的物质射入密度大的物质时，由于密度大的物质对光的吸引力大，此时光会折向密度较大的一侧，这解释了光的折射现象。同理，由万有引力定律得出光在密度大的物质中传播的速率应该较大，然而这个结论与事实不符，微粒说无法解释这一矛盾。对于光的干涉、衍射现象，微粒说也无法解释。

2.1.2 波动说

惠更斯（Christian Huygens）提出的光的波动说认为：光是一种在特殊弹性媒质中传播的机械波。1678 年他提出了一条重要原理，后人称为惠更斯原理，该原理指出：波所通过的物质中的任一点都可以看作子波的波源，这些子波又以它在这种物质中原有的速度向周围传播，某时刻与所有子波相切的包络面，就是这一时刻的波前。据此原理，若已知先前某一时刻的波前，利用作图法，就可求得以后任一时刻的波前。在某一时刻，振动相位相同的各点轨迹，称为波前。波前的形状决定波的类型：波前是平面的，称为平面波，在几何光学中称为平行光束；波前是球面的，称为球面波，在几何光学中称为同心光束。

利用惠更斯原理很容易解释光的反射和折射现象，而且还证明了光在密度大的物质里的传播速度应该小于在密度小的物质里的传播速度。可是，在惠更斯时代，人们还没有注意到光的衍射现象，又不能用波动说对光的直线传播进行解释。直到 1801 年，托马斯·扬（Thomas Young）利用波动说解释了光的干涉现象。1818 年菲涅尔（Augustin Jean Fresnel）证明了光有衍射现象，用惠更斯－菲涅尔原理解释了光的直线传播及光的衍射，并根据光的偏振现象确认光是横波。

惠更斯的光的弹性波动说经过若干物理学家的补充和改进，对于当时所观察到的复杂的光现象，大体上能够做出比较合理的解释。但是，当时主张光的波动说的人们错误地认为光振动也是弹性媒质中的一种机械振动，并且臆造出一种弹性极大、密度极小的传播光波的媒介——以太。所以，对于某些光现象的解释，波动说遇到了困难。

2.1.3 光的波粒二象性与物质波

现代物理学认为光既有波动性又有粒子（量子）性，称其为光的波粒二象性。光在传播过程中主要表现出波动性，而在与物质发生相互作用时，则较多地显示出粒子性。光的这种属性不过是物质运动特性的不同表现而已。

德布罗意（Be Broglie）创立了物质波动说，他认为通常表现为粒子的物质，如电子、质子、原子和分子等，都应该显示出波动性，这种微观粒子显示的波，称为物质波，物质波不是电磁波，也不是机械波，而是一种概率波。

在由德布罗意和薛定谔（Schrodinger）创立的量子力学原理中，波动性和微粒性的对立得到了较完满的统一。但是，近代实验的发现，证明对于光的本性的认识还没有到达最终的阶段，有待人们继续努力。

2.2 光的传播规律

2.2.1 几何光学的基本定律

在几何光学中，研究光的传播，并不把光看作电磁波，而把光看作能够传输能量的、代表光传播方向的几何线，这个几何线称为光线。有一定关系的一些光线的集合，称为光束。互相平行的光束称为平行光束。随着光的传播，横截面积越来越大的光束称为发散光束；反之，称为会聚光束。相交于同一点或者由同一点发出的光束为同心光束。所以，几何光学所研究的只是关于光的抽象的客观表现，并未涉及光的内在本质，故其所得的结果只不过是波动光学在一定条件下的近似。

几何光学是运用几何运算的数学方法，研究光学元件与光学系统对光路的控制作用及其造成的物像关系，从而建立和发展光学仪器成像理论和计算方法的一门学科。几何光学的理论基础，是由实际观察和实验得到的几个光线和光束的传播规律，可以归纳为：

（1）光的直线传播定律：光在均匀的透明介质中是沿直线传播的。物体在光源照射下所形成的本影、半影、日蚀、月蚀以及小孔成像实验都是光沿直线传播的例子。

（2）光的独立传播定律：自不同方向或由不同物体发出的光线，它们在相交时，仍然按各自的方向继续传播而互不影响。

（3）光的反射定律和折射定律：当一束入射光投在两种均匀透明并且各向同性的介质的分界面上时，其中一部分光线在分界面上反射到原来的介质，称为反射光线；另一部分光线透过分界面进入第二种介质，并改变传播方向，称为折射光线，对于这两条光线的传播规律，可以分别由反射定律和折射定律表述。

如图 2-1 所示，入射角 i 是入射光线 AO 和界面的法线 NON' 间的夹角；反射角 i' 是反射光线 OB 和法线 NON' 间的夹角；折射角 i'' 是折射光线 OC 和法线 NON' 间的夹角。入射光线和法线构成的平面称为入射面。

反射定律：反射光线位于入射面内，反射光线和入射光线分居法线两侧；反射角等于入射角，即

$$i' = i \tag{2-1}$$

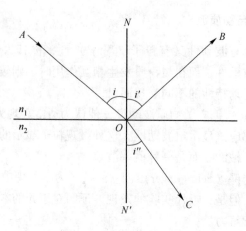

图 2-1　光的反射和折射

折射定律：折射光线位于入射面内，折射光线和入射光线分居法线两侧；入射角和折射角的正弦之比是一个取决于两种介质光学性质及光的波长的常数，它与入射角 i 和折射角 i'' 的大小无关，即

$$\frac{\sin i}{\sin i''} = \frac{n_2}{n_1} = n_{21} \tag{2-2}$$

式中，常数 n_1 和 n_2 分别为第一介质和第二介质的绝对折射率，简称折射率。某介质的绝对折射率是指光从真空射入该介质发生折射时，入射角 i 和折射角 i'' 的正弦比。由理论与实验证明，某介质的绝对折射率等于光在真空中的速度 c_0（$3 \times 10^8 \mathrm{m/s}$）与光在该介质中的速度 c 之比，即

$$\left. \begin{array}{l} n_1 = \dfrac{c_0}{c_1} \\[2mm] n_2 = \dfrac{c_0}{c_2} \end{array} \right\} \tag{2-3}$$

由于 c_0 总是大于 c，所以除真空外，其他任何介质的折射率都大于 1，并且当光从真空射向任何介质时，入射角一定大于折射角。

n_{21} 是第二种介质对第一种介质的折射率之比，称为第二种介质对第一种介质的相对折射率。

在实际计算时，可以把反射定律看作折射定律在 $n_1 = -n_2$ 情况下的特例，按式（2-2），在 $n_1 = -n_2$ 时 $i = -i''$，负号表示入射光线与反射光线的方向相反，它们各在法线的一侧。

由式（2-3）看出，光在介质中传播的速度 c 越大，则该介质的折射率越小；光在介质中传播的速度 c 越小，则该介质的折射率越大。两种介质相比，折射率小的介质是光疏介质；折射率大的介质是光密介质。光束从光疏介质进入光密介质时，总是靠向法线折射，折射角小于入射角；反之，要偏离法线折射，折射角大于入射角。

由以上分析看出，介质的折射率与光在介质中的传播速度有关，对于同一种波长的光，在不同的介质中有不同的折射率。表 2-1 是几种常见的光学介质对波长 $5.893 \times 10^{-11} \mathrm{m}$

的钠黄光的绝对折射率。

表 2-1 几种常见的光学介质对波长 5.893×10^{-11} m 的钠黄光的绝对折射率

介质	折射率	介质	折射率	介质	折射率
空气	1.0003	冰	1.31	K_9 玻璃	1.5163
水蒸气	1.026	水晶	1.54	有机玻璃	1.49
水	1.333	红宝石	1.76	普通玻璃	约1.5
甘油	1.47	金刚石	2.42	冰洲石	1.658
酒精	1.36	二硫化碳	1.62		

由于空气的绝对折射率和真空的折射率（1.00）相差很小，一般情况下，凡涉及对空气的相对折射率就用该介质的绝对折射率代替。

不同波长的色光在真空中传播的速度 c_0 都是相同的，但它在同一种透明介质中传播速度是不同的：波长长的，速度大；波长短的，速度小。

所以说，折射率不但与介质的材料有关，还与入射光的波长有关。

2.2.2 费马原理

在均匀介质或不均匀介质中光线由一点 A 到另一点 B 是沿着怎样的路径传播的？1650 年费马（Fermat）指出：光沿着所需时间为极值的路径传播。即在所有可能值中这条路径的光程（光程是光所走的几何路程和所在介质的折射率之积）或者最小或者最大，或者是一个常量。

几何光学基本定律提到的光在均匀介质中的传播和在平面上的反射或折射，光是沿着最短光程的路径传播的，光路是一条直线，这是费马原理的特殊情况。如果光在非均匀介质中传播，光线经空间任一介质中的 A 点，经折射率连续改变的介质后，到另一介质中的 B 点是沿着光程为极值的路程传播的，光路将是一条曲线。

2.2.3 光路可逆定理

假定一条光线由 A 点沿一定的路线传播到 B 点，如果在 B 点沿与此相反的方向投射一条光线，则反向光线仍沿同一条路线由 B 点传播到 A 点。光线传播的这种性质称为光路可逆定理。

2.2.4 全反射现象

当光线由折射率高的介质射向折射率低的介质时，折射角大于入射角。当入射角 i 增大到某一角度值 i_0 时，折射角 $i'' = 90°$，这时折射光线沿着两个介质的分界面掠射而出。当入射角 $i > i_0$ 时，入射光线全部被反射回原介质，该现象称为全反射现象。

折射角 i'' 等于 90°时所对应的入射角 i_0 称为临界角或全反射角，按照折射定律得到：

$$\sin i_0 = \frac{n_2}{n_1} \tag{2-4}$$

式中，$n_1 > n_2$。若 $n_2 = 1$，则由式（2-4）可算出不同 n_1 值时的各种介质的临界角近似值，见表 2-2。

表 2-2 $n_2 = 1$ 时，由式（2-4）算出的不同 n_1 值时的各介质的临界角近似值

n_1	1.3	1.4	1.5	1.6	1.7	1.8	1.9	2.0
i_0	50°17′	45°35′	41°48′	38°41′	36°02′	33°45′	31°45′	30°

2.3   光学系统的物像关系

光学系统是由各种光学元件按某种要求组合而成的系统。一般要求光学系统所成的像是清晰的，即符合点对应点，直线对应直线，平面对应平面的共轭关系，而把成像符合上述关系的光学系统称为理想光学系统。但是，符合共轭关系的理想系统，物像并不一定相似，只有当物平面垂直于理想光学系统的光轴（即系统的对称轴）时，像和物才相似。所以，本节只研究垂直于光轴的物平面的成像性质。

2.3.1   平面镜

2.3.1.1   单平面镜的成像性质

从物体上某一点 S 发出的光束 SO 和 SO' 被一块垂直于书面的反射镜 P 反射后，按反射定律，其反射光线的延长线交于 S' 点，S' 点即为 S 点的虚像，位于镜后，并在 S 点向平面 PO 所作的法线 SN 的延长线上，而且 $SN = NS'$，即物距等于像距（见图 2-2）。因此，任何一物点 S 经平面镜反射后都能形成一个与原物大小相同、对称于镜面的像点 S'。

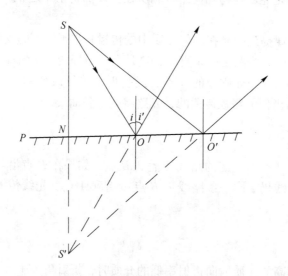

图 2-2   点在平面镜中的像

图 2-3 展示了物和像之间的空间形状相对于平面镜的对应关系。图中的物空间是一个右手坐标 XYZ，根据平面镜成像性质得出一个与 XYZ 大小相等、形状不同的左手坐标 $X'Y'Z'$。反之，左手坐标的物成为右手坐标的像。

若分别从 Z 和 Z' 轴看 XY 和 $X'Y'$ 平面：当 X 按逆时针方向转到 Y，则 X' 按顺时针转到 Y'；当物平面按顺时针转动时，像平面即按逆时针转动，这种物像空间的形状对应关系为

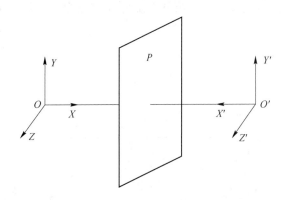

图 2-3　空间物体在平面镜中的像

镜像对称。由此推论：若物体经过奇数个平面镜（即奇数次反射），则所成的像为镜像；若经过偶数个平面镜（即偶数次反射），则所成的像与物体完全相同。

平面镜在光学系统中，常用来改变光线的方向和物体的方位。

2.3.1.2　单平面镜的旋转

从图 2-4 可以看到，当入射光线方向不变时，平面镜 P_1 绕着和入射面垂直的轴线转动 α 角到 P_2，入射角增加了 α，而反射光线将转动 2α，转动方向和平面镜的转动方向相同。这个结果可归纳为一条基本定律——反射光线的转角为反射镜转角的两倍，该定律称为反射镜扫描定律。转镜式高速相机就是该定律的应用实例之一。

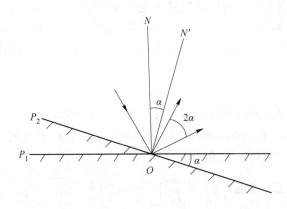

图 2-4　平面镜的旋转

2.3.1.3　平面镜反射面的质量

常见的物体表面均对光有反射现象。但是粗糙的表面，由于法线的不规则，它反射出来的光线也是极不规则的，各方向均有，这种现象称为漫射或漫反射。

普通反射镜是在工业平板玻璃的底面涂制水银及保护漆而成。当光线与镜子上表面的法线成某一锐角入射时，就会产生双像。图 2-5 是普通反射镜产生双像的原理图，P_1 是镜子的上表面，P_2 是镜子底面。由 S 点发出的光投射到 P_1 表面经反射后得到一个虚像（该虚像的光强较弱，通常不易看到）；另一部分光透入镜子由 P_1 表面折射，经底面 P_2

反射后，再由 P_1 表面折射出去，得到第二个虚像（该虚像的光强较强，是通常所见到的像）。

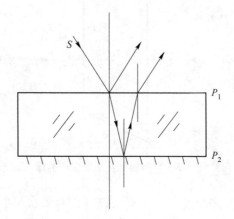

图2-5　普通反射镜产生双像的原理

为了避免双像现象发生，在玻璃上表面镀一层不透光的金属反射膜层，例如铝膜，常称为镀铝反射镜，物体只被镜面上的膜层反射而成像。

从理论上讲，平面镜是唯一能成完善像的光学元件，如图2-2所示，由 S 点发出的同心光束，经平面镜反射后，成为一个以 S' 点为顶点的同心光束。实际上，由于反射镜的基板（玻璃）的加工面形误差，不可能得到完善的像。例如浮法制成的平板玻璃要比普通的工业玻璃的面形误差小，所以通过其所成的像的变形，人们不易察觉到。为了得到更完善的像，通常需对镜面进行光学加工，减小其表面的粗糙度和不平度，再镀铝，就成为高级镀铝反射镜。显然，普通反射镜的光能损失远大于镀铝反射镜的损失。

2.3.2　平行透明板

两个表面是平行平面的透明体称为平行透明板，如平板玻璃。

由图2-6，求得 $i_1 = i_1'$，所以说入射光线以某入射角穿过平行透明板时，像与物大小相等，方向保持不变，只是向一侧平移了一段距离 L_1，由图2-6推得

$$L_1 = d\sin i_1\left(1 - \frac{\cos i_1'}{n\cos i_1'}\right) = d\sin i_1\left(1 - \frac{\cos i_1}{\sqrt{n^2 - \sin^2 i_1}}\right) \tag{2-5}$$

由式（2-5）看出：透明板越薄（即 d 越小），L_1 越小；若光线垂直射入（即 $i_1 = 0$）平行透明板，则不发生光线的侧移现象。

若平行透明板处于成像光路中，由于光学系统通过透明板对物体调焦成像，此时对透明板不但有高透光率的要求，而且还要求有较小的表面粗糙度及不平度。

成像光路中放置平板玻璃后，由图2-6看到，物点 A 发出的光线 AO_1 经平板玻璃折射后，好像是从 A' 点直接发出的未经平板折射的光线，A 点沿垂直于平板的方向移到了 A' 点，移动的距离 AA' 称为轴向位移，即图中 ΔL，光程即发生改变。例如在相机瞄准目标时未放滤光片情况下，相机对物调焦；正式做实验时，为了减弱光能而放上滤光片，此时必须再一次对物调焦，否则像会模糊。

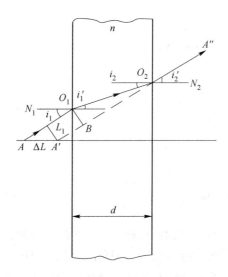

图 2-6　平板玻璃的物像关系

由图 2-6 求得轴向位移：

$$\Delta L = d\left(1 - \frac{\cos i_1}{n\cos i_1'}\right) \tag{2-6}$$

式（2-6）表明，ΔL 因不同的 i_1 值而不同，即从 A 点发出的具有不同入射角的各条光线经平板玻璃折射后，具有不同的轴向位移量，而且厚度 d 愈大，轴向位移愈大。这说明，同心光束经平板玻璃折射后，变为非同心光束，成像是不完善的。

平板玻璃在会聚光路里产生正像差（除场曲外），但在平行光路内不产生任何像差。

当 i_1 很小时，

$$\Delta L = d\left(1 - \frac{1}{n}\right) \tag{2-7}$$

由此可见，对于近轴光线而言，其轴向位移只与平板的 d 及 n 有关，而与入射角 i_1 无关，此时成的像是完善的。

以上分析说明，在光学系统中加入平行平板后并不影响光学系统的特性，只是使像平面产生一个轴向位移 ΔL。所以在计算具有棱镜或平行板的光学系统时，常用等效空气层来代替它。

2.3.3　球面镜

反射面是球面的镜称为球面反射镜，简称球面镜。利用凹球面作反射面的球面镜称为凹面镜，如图 2-7 所示；利用凸球面作反射面的球面镜称为凸面镜，如图 2-8 所示。

球面镜的球心（或称为曲率中心）C 和镜面上任一点的连线称为球面镜的光轴；连接球心 C 和镜面顶点 O（即镜面中心点）的直线称为球面镜的主光轴，简称主轴；通过球心 C 所做的任何直线称为副轴。凹面镜的法线 CP 是入射光线的入射点 P 与球心 C 的连线；凸面镜的法线 CP 是它的曲率半径的延长线。

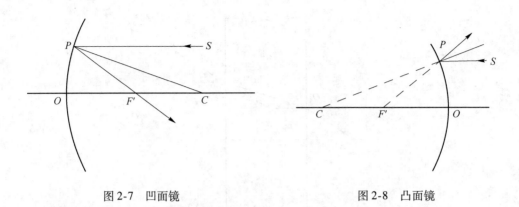

图 2-7　凹面镜　　　　　　　　　　　图 2-8　凸面镜

　　射到球面镜上的光线，若跟主轴很接近，即光线的入射角很小，此时光线与主轴或法线所成的角度的正弦可以用弧度近似表示，即角的余弦可以用 1 近似表示，这种光线名为近轴光线或傍轴光线。实际光学系统只有在近轴区域内所成的像才是完善的。只有近轴光学系统才是一种实际接近于理想光学系统的情况。今后讨论光学系统的物像关系时均限于近轴光学系统的范围。

　　平行于主轴的光线 SP 经球面镜反射后，反射光线跟主轴相交于一点 F'，此点是半径的中点。因为 P 点和 O 点很接近，可以把 $\triangle POF'$ 近似地看成是一个等腰三角形，这样就可证得 $F'O \approx F'P = F'C = OC/2$。

　　显然，任何平行于主轴的光线，经过球面镜反射后，必定交于同一点，该点称为球面镜的焦点，以 F' 表示。规定从 O 点到 F' 点的距离称为球面镜的焦距，用 f' 表示。令球面镜半径为 r，则：

$$f' = \frac{r}{2} \tag{2-8}$$

　　凹面镜的焦点是真正的反射光线与主轴相交而成的，为实焦点；凸面镜的焦点不是实际光线的会聚点，而是反射光线的延长线的交点，为虚焦点。

　　凹面镜能把射到它上面的平行光会聚起来，所以它是一种会聚镜；凸面镜却把射到它上面的平行光向四周发散，所以它是一种发散镜。

2.3.3.1　作图法求球面镜的物像关系

　　作物体成像的光路图时用不着做出物体上每一点的像；作物体上一点的像时，也用不着把从这一点发出的所有光线都画出来。因为物体的像和物体是相似的，所以只要选择物体的几个端点得出这些端点的像，就可以确定整个物体的像的位置和大小。

　　作某点成像的光路图时，利用光的反射定律和球面镜的性质，从下述三条特殊光线中任选两条来作图：同主轴平行的入射光线，它的反射光线（或其延长线）必定通过焦点；通过焦点（或延长线通过焦点）的入射光线，它的反射光线一定和主轴平行；通过球心的入射光线，它的反射光线跟入射光线重合。

　　图 2-9 是该作图法的示意图。

　　通过作图得到球面镜的物像关系，见表 2-3。

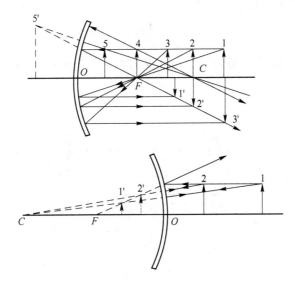

图 2-9　作图法求球面镜的物像关系

表 2-3　通过作图得到的球面镜的物像关系

球面镜	物的位置	像的位置	像的性质和大小
凹面镜	在 ∞	在 F	实
	在 ∞ 与 C 之间（1）	在 F 与 C 之间（1′）	实，倒立，缩小
	在 C（2）	在 C（2′）	实，倒立，同大小
	在 C 与 F 之间（3）	在 C 与 ∞ 之间（3′）	实，倒立，放大
	在 F（4）	在 ∞	
	在 F 与镜面之间（5）	从镜后 ∞ 到镜面（5′）	虚，正立，放大
	在镜面	在镜面	虚，正立，同大小
凸面镜	在 ∞	在 F	虚
	在 ∞ 与镜面之间（1，2）	在 F 与镜面之间（1，2）	虚，正立，缩小
	在镜面	在镜面	虚，正立，同大小

2.3.3.2　用公式法求球面镜的物像关系

对于球面镜各参量的符号，本书规定如下：

（1）线段，由规定的某点算起，向右或向上为正，反之为负，这与直角坐标规定一致。

（2）物距 l，由球面镜顶点到物点的距离。

（3）像距 l'，由球面镜顶点到像点的距离。

（4）球面半径 r，由球面镜顶点到球心的距离。

（5）焦距 f，由球面镜顶点到焦点的距离。

（6）物高 y，由轴上点到物的另一端点的长度。

（7）像高 y'，由轴上点到像的另一端点的长度。

根据图 2-10 求得的物像关系式为：

$$\frac{1}{l} + \frac{1}{l'} = \frac{1}{f'}$$

(2-9)

把像高与物高的比定义为横向放大率（又名垂轴放大率），由图 2-10 推导而得：

$$\beta = \frac{y'}{y} = -\frac{l'}{l}$$

(2-10)

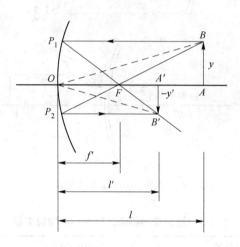

图 2-10　公式法求球面镜的物像关系

2. 3. 4　薄透镜

　　由两个共轴折射曲面构成的光学系统称为透镜。大多数实际应用的透镜的两个曲面都是球面，或其中一个面为平面，一个面为球面，统称为球面透镜。中央比边缘厚的透镜称为凸透镜，它很像两个底对着底的三棱镜的组合，平行光通过这样一对棱镜时，对于每一个棱镜来说，都要使折射光线向它的底面偏折，最后把平行光会聚起来，所以是一种会聚透镜；中央比边缘薄的透镜，称为凹透镜，它很像两个顶对着顶的三棱镜的组合，平行光通过这样一对棱镜时，也要向棱镜的底面偏折，最后把平行光束向外散开，成为发散光束，所以是一种发散透镜，图 2-11 给出了不同形状的透镜。

　　透镜根据其厚度可分为厚透镜和薄透镜，视其厚度实际上是否可忽略而定，即一个透镜中央部分的厚度（就是透镜两球面顶点之间的距离）比两个球面半径或透镜的焦距小很多，可忽略不计，这种透镜称为薄透镜；否则为厚透镜。

　　既然薄透镜的两个球面的顶点离得很近，当然可近似地看成是一个点。凡是通过此点的光线不改变原来的方向，且所发生的侧向位移也可忽略，这一点称为透镜的光心。任何通过光心的直线称为透镜的光轴：通过两球心的光轴为主光轴，简称主轴；其他的光轴为副光轴，简称副轴。

　　通常把薄透镜简化为如图 2-12 所示的形式，图 2-12（a）表示凸透镜；（b）表示凹透镜。O 为光心，水平线为主光轴。

　　凸透镜有两个实焦点、两个实焦平面（通过焦点垂直于光轴的平面称为焦平面）：物方焦点、物方焦平面；像方焦点、像方焦平面。

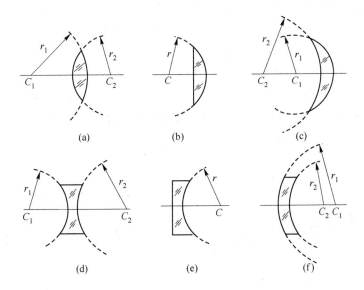

图 2-11 不同形状的透镜

（a）双凸透镜；（b）平凸透镜；（c）凹凸透镜；（d）双凹透镜；（e）平凹透镜；（f）凸凹透镜

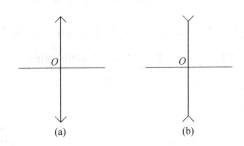

图 2-12 薄透镜简化表示法

（a）凸透镜；（b）凹透镜

凹透镜有两个虚焦点，两个虚焦平面：物方虚焦点、物方虚焦平面；像方虚焦点、像方虚焦平面。物方的焦点在像方；像方的焦点在物方。

位于空气中的薄透镜的焦距公式为：

$$\left.\begin{aligned} f &= \frac{1}{(n-1)\left[(1/r_1)-(1/r_2)\right]} \\ f' &= \frac{1}{(n-1)\left[(1/r_1)-(1/r_2)\right]} \end{aligned}\right\} \tag{2-11}$$

式（2-11）说明，透镜的焦距是由它的折射率和其两侧球面的曲率半径决定的，而焦距的大小反映了透镜会聚（或发散）光线能力的大小。人们为了用一个标准来度量透镜折光的能力，把透镜焦距的倒数规定为置于空气中的该透镜的光焦度 φ（光焦度指介质的折射率与对应焦距之比），在空气中薄透镜的光焦度为：

$$\phi = (n-1)\left(\frac{1}{r_1} - \frac{1}{r_2}\right) \tag{2-12}$$

规定透镜的焦距为 1m 时，其光焦度为 1 屈光度。但是，眼镜的"度"数比屈光度单位要小 100 倍，即光焦度为 1 屈光度的眼镜，通常称为 100 度。

2.3.4.1 用作图法求薄透镜的物像关系

常用下述三条光线中的两条来作图：跟主轴平行的入射光线通过透镜后，折射光线（或其延长线）通过焦点；通过焦点（或延长线通过焦点）的入射光线经过透镜折射后，折射光线跟主轴平行；通过光心 O 的入射光线经过两次折射后方向不变。

图 2-13 是该作图法的示意图。

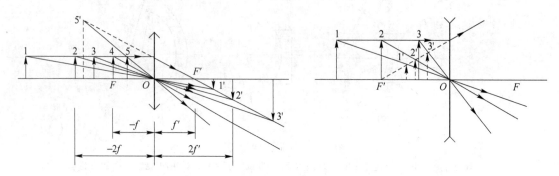

图 2-13　作图法求薄透镜的物像关系

通过作图，求得薄透镜的物像关系列于表 2-4（表中符号均为绝对值）。

表 2-4　通过作图法求得的薄透镜的物像关系

透镜形状	物 的 位 置		像 的 位 置			像 的 性 质
凸透镜	$\rightarrow\infty$		f'			实
	$>2f$	(1)	$>f'$ 且 $<2f'$	(1')	像与物在透镜的两侧	实，倒立，缩小
	$2f$	(2)	$2f'$	(2')		实，倒立，同大小
	$<2f$ 且 $>f$	(3)	$>2f'$	(3')		实，倒立，放大
	f	(4)	$\rightarrow\infty$			
	$<f$	(5)	$>f$	(5')	同侧	虚，正立，放大
凹透镜	在透镜前任意处	(1, 2, 3)	像距小于物距	(1', 2', 3')	同侧	虚，正立，缩小

如果发光点 S 在主轴上或者发光点 S 与主轴的距离远大于透镜的边缘至光心的距离，则无法从发光点的三条特殊光线中引出任意两条来确定发光点的像点，此时常借助于副轴和焦平面来作图（见图 2-14），即通过光心作一副轴平行于入射光线，它与像方焦平面的交点跟入射光线与透镜的交点的连线即出射光线的方向。

2.3.4.2 用公式法求薄透镜的物像关系

有两种公式表示薄透镜的物像关系：一种是牛顿公式中物距 x 是从物方焦点 F 到物体的距离，像距 x' 是从像方焦点 F' 到像面的距离；另一种是高斯公式中物距 l 是从光心到物体的距离；像距 l' 是从光心到像面的距离。由图 2-15 得：

牛顿公式：

$$\beta = \frac{y'}{y} = -\frac{f}{x} = -\frac{x'}{f'}$$

(2-13)

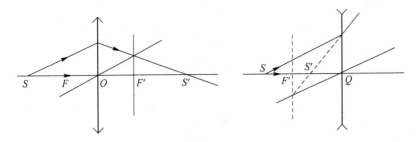

图 2-14 作图法求物点位于或远离薄透镜主轴的物像关系

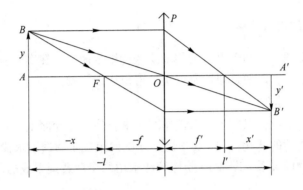

图 2-15 公式法求薄透镜的物像关系

$$xx' = ff' \tag{2-14}$$

高斯公式:

$$\beta = -\frac{fl'}{f'l} \tag{2-15}$$

$$\frac{f}{l} + \frac{f'}{l'} = 1 \tag{2-16}$$

若仅指位于空气中的透镜的放大率,此时 $n = n'$, $f' = -f$。所以,式 (2-15) 变为:

$$\beta = \frac{l'}{l} \tag{2-17}$$

式 (2-16) 变为:

$$\frac{1}{l'} - \frac{1}{l} = \frac{1}{f'} \tag{2-18}$$

2.3.4.3 放大率公式

轴向放大率是指当物平面沿着光轴移动一个微小的距离,则像平面也相应地移动一段距离,后者与前者的比定义为轴向放大率。角放大率是指像方倾角与物方倾角之比。

因为横向放大率

$$\beta = \frac{l'}{l} \tag{2-19}$$

轴向放大率(即纵向放大率)

$$\alpha = \frac{l'^2}{l^2} \tag{2-20}$$

角放大率

$$y = \frac{l}{l'} \tag{2-21}$$

所以

$$\beta y = 1 \tag{2-22}$$

$$\alpha = \beta^2 \tag{2-23}$$

$$\alpha = \frac{1}{y^2} \tag{2-24}$$

2.3.5　薄透镜系统的物像关系

薄透镜系统是由两个或两个以上的共轴薄透镜组合而成。在实际应用中，常把实际透镜系统看作薄透镜系统，以便近似地研究实际透镜成像问题。

2.3.5.1　图解法求像

对于共轴薄透镜系统，以单个薄透镜作图法求物像关系为原则，将第一个薄透镜获得的像作为第二个薄透镜的"物"，以该"物"作图向第二个薄透镜求像，依次类推，就可得到薄透镜系统的物像关系。图2-16是图解法求由两个薄透镜组成的薄透镜系统的像。

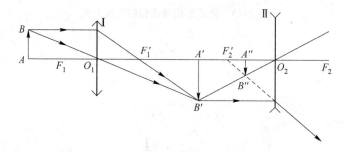

图2-16　图解法求透镜系统的物像关系

2.3.5.2　公式法求像

薄透镜系统的物像关系可以连续地应用单个薄透镜的物像关系公式进行计算。现应用高斯公式求由两组薄透镜组成的系统的物像关系（见图2-17）。

物体 AB 经透镜Ⅰ的物像关系

$$\left.\begin{array}{l} \dfrac{1}{l'_1} - \dfrac{1}{l_1} = \dfrac{1}{f'} \\[2mm] \beta_1 = \dfrac{y'_1}{y_1} = \dfrac{l'_1}{l_1} \end{array}\right\} \tag{2-25}$$

由上式算出 AB 的像 $A'B'$ 的位置和大小，而 $A'B'$ 到透镜Ⅱ的物距是 $-l_2$，$-l_2 = d - l'_1$，即

$$l_2 = l'_1 - d \tag{2-26}$$

$A'B'$ 经透镜Ⅱ的物像关系为：

$$
\left.\begin{array}{r}
\dfrac{1}{l_2'} - \dfrac{1}{l_2} = \dfrac{1}{f_2'} \\[2mm]
\beta_2 = \dfrac{y_2'}{y_2} = \dfrac{l_2'}{l_2}
\end{array}\right\}
\qquad (2\text{-}27)
$$

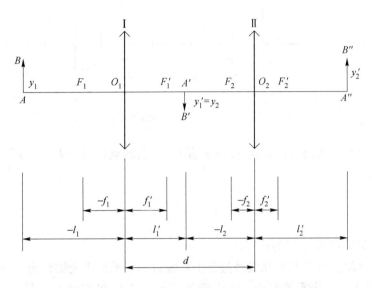

图 2-17　公式法求薄透镜系统的物像关系

由于 $y_1' = y_2$，所以物体 AB 经薄透镜系统后的总放大率为：

$$
\beta = \frac{y_2'}{y_1} = \beta_1\beta_2 = \frac{l_1'l_2'}{l_1l_2}
\qquad (2\text{-}28)
$$

上述的求像方法较复杂，如果将薄透镜系统折合成一个等效系统（即组合系统），对它求像要简单得多。有关用图解法及计算法求解其组合系统，由读者自解。

这里将讨论两个厚透镜共轴光学系统，如何求解它们的组合系统，也就是求出组合系统的焦点和主平面的位置，由此可确定组合系统的成像性质。

主平面是指横向放大率为 1 的一对共轭平面，在物空间的称为物方主面，在像空间的称为像方主面，两个主平面和光轴的交点分别称为物方主点和像方主点，常用 H、H' 来表示。显然，H 与 H' 为一对共轭点。在薄透镜中，两个主平面简化为一个，H 与 H' 点均与光心重合。实际上，厚透镜一词不仅适用于共轴球面所分界的某一均匀介质，也适用于共轴两薄透镜系统，厚透镜的第一球面的两个主平面 H_1 与 H_1' 重叠，并且与第一球面顶点相切，其第二球面的两个主平面 H_2 与 H_2' 也重叠，并且与第二球面顶点相切。

A　组合焦点位置的公式

设两个已知光学系统的焦距分别为 f_1、f_1' 和 f_2、f_2'，如图 2-18 所示。图中 Δ 表示两个光学系统间的相对位置。Δ 的符号规则为：以 F_1' 为起点计算到 F_2。

又设组合系统的焦距为 f 和 f'，焦点为 F 和 F'。

根据焦点的性质，凡是平行于光轴入射的光线，通过第一个系统后，必通过 F_1'，再进入第二个光学系统，出射光线和光轴的交点 F' 就是组合系统的像方焦点。F_1' 和 F' 是第二个光学系统的一对共轭点。由牛顿公式 $xx' = f_2f_2'$，即可求得 F' 的位置，其中 $x = -\Delta$

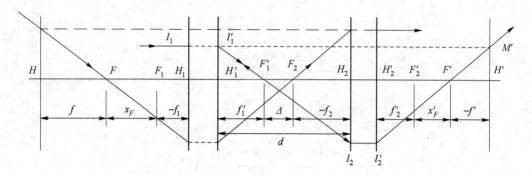

图2-18　两个厚透镜系统的组合

（因为物距 x 是以 F_2 为起点计算到 F_1'）；x' 是以 F_2' 为起点计算到 F'，常用 x_F' 代替 x'，以示区别。由此得到

$$x_F' = -\frac{f_2 f_2'}{\Delta} \tag{2-29}$$

由式（2-29）可求得 F' 的位置。

同理，通过物方焦点 F 的光线经过整个系统后一定平行于光轴射出，即通过 F_2 后射出，F 和 F_2 对于第一个系统共轭，由牛顿公式 $xx' = f_1 f_1'$ 可求得 F 的位置，其中 $x' = \Delta$；物距 x 是由 F_1 为起点计算到 F 的距离，用 x_F 代替 x，由此得到：

$$x_F = \frac{f_1 f_1'}{\Delta} \tag{2-30}$$

由式（2-30）可求得 F 的位置。

B　组合焦距公式

求出焦距，就可确定主平面的位置。由于平行于光轴入射的光线的延长线和出射光线的交点 M'，一定位于像方主平面上，以此即可导得焦距的公式。

利用图 2-18 中 $\triangle M'F'H' \backsim \triangle I_2'F'H_2'$，$\triangle I_2 F_1' H_2 \backsim \triangle I_1' F_1' H_1'$ 以及式（2-29），即可求得：

$$f' = -\frac{f_1' f_2'}{\Delta} \tag{2-31}$$

同理，可求得组合系统的物空间焦距

$$f = \frac{f_1 f_2}{\Delta} \tag{2-32}$$

有时候可用 d 表示两个系统间相对位置，d 的符号规则是以第一个系统的像方主点 H_1' 为起点计算到第二个系统的物方主点 H_2。

由图 2-18 得到 d 和 Δ 间的关系为：

$$d = \Delta + f_1' - f_2 \tag{2-33}$$

根据组合焦点和焦距公式，再按照 2.3.4.2 节中介绍的牛顿公式或高斯公式就可求得该等效光学系统的成像情况。

2.4 光学仪器

2.4.1 光阑

前面章节主要讨论了近轴光学系统的物像关系，而对于实际光学系统，还必须讨论像的清晰度、像的明亮程度与成像的范围，这些均与光阑的情况有关。

在光学系统中对光束起限制作用的统称为光阑，例如透镜的边缘、框架或特别的带孔屏障。光阑有两种：限制光束孔径的称为孔径光阑（有时称为有效光阑）；限制视场的称为视场光阑。

2.4.1.1 孔径光阑

如图 2-19 所示，BB 为实际的光阑，而 B_1B_1 和 B_2B_2 分别为光学系统的前半部和后半部的像，都是虚构的光阑。因此通过 BB 的一切光线，都能通过 B_1B_1 和 B_2B_2，反之也同样（光路可逆定理）。孔径光阑 BB 通过它前面的光学系统（如图中透镜 L_1）在物方的共轭像 B_1B_1 称为入射光瞳，简称入瞳；孔径光阑 BB 通过它后面的光学系统（如图中透镜 L_2）在像方的共轭像 B_2B_2 称为出射光瞳，简称出瞳。若孔径光阑在物方，它既是实际的光阑又是入瞳，出瞳在像方；若孔径光阑在像方，它既是实际的光阑又是出瞳，入瞳在物方。在较复杂的光学仪器中，例如对称型照相镜头的孔径光阑可以在几个透镜中间。在某些情况下，成像的物是一个孔（例如狭缝），而且由离孔不远的光源直接照明，或用聚光镜聚光后照明，此时入瞳可以是狭缝的边缘或聚光器的边缘。

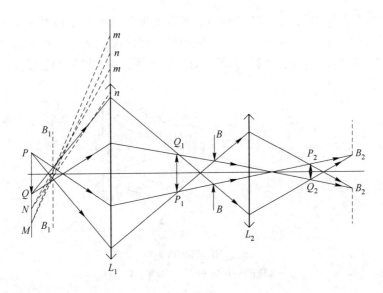

图 2-19　孔径光阑及其像：入瞳与出瞳

人眼的入瞳就是瞳孔，当使用显微镜或望远镜时，必须把瞳孔尽量放在接近仪器出瞳的位置。

从光轴与物平面的交点看到的入射光瞳的直径的张角 $2u$ 称为物方孔径角，它表征成像光束孔径的大小；从光轴与像平面交点看到的出射光瞳的直径的张角 $2u'$ 称为像方孔径角或称为投射角。

2.4.1.2　视场光阑

并不是从物体上任何点发出的、通过入瞳的光线均可通过共轴球面系统成像。如图 2-19 中的 M 点就不会被系统成像，这就是说，光学系统的视场被透镜 L_1 的框子所限制。而 N 点虽然被系统成像，但它发出的光束仅在下面一部分照亮像面，像的边缘亮度显然减弱。这就是说，斜光束的宽度要比轴上点光束宽度小，因此，像面的边缘部分就比像面中心暗，这种现象称为渐晕。

为了对一定大小的物面或一定的空间范围成清晰像，可通过安置光学元件的框边（如透镜 L_1 的框子）或专门设置的光阑对轴外光束进行限制来实现。例如，高速相机中的狭缝部件就是专门设置的视场光阑。普通照相机的视场光阑位于像平面上的底片框，它的物方共轭像落在物平面上。显微镜和望远镜中的视场光阑不放在物平面上，也不放在像平面上，而在中间像的平面上。

视场光阑通过在它前面的光学系统于物方的共轭像称为入射窗；视场光阑通过在它后面的光学系统于像方的共轭像称为出射窗。若视场光阑就在物方，则它与入射窗重合，若视场光阑就在像方，则它与出射窗重合。

从入瞳中心观察入射窗直径时所对应的角度 2ω 为物方视场角；从出瞳中心观察出射窗直径时所对应的角度 $2\omega'$ 为像方视场角。

2.4.2　照相机

照相机结构与人眼很相似。它由物镜 1、可变光阑 2、暗箱 3、胶片 4 和位于物镜与胶片之间的快门（图 2-20 中未画出）组成。照相机所得的像是倒立、缩小的实像，而人眼由于视神经和大脑的特殊功能，对物体不会有上下颠倒、左右调换的感觉。

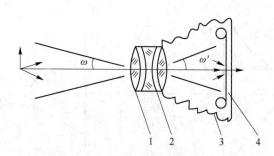

图 2-20　照相机光路
1—物镜；2—可变光阑；3—暗箱；4—胶片

照相物镜有 3 个主要参量。

2.4.2.1　焦距

由式（2-13）可知，在相同物距时，焦距决定着像和物的比例。除显微照相外，其余各种民用相机的横向放大率均小于 1，所以民用相机常配备不同焦距的物镜（从 5cm 到

10cm，特殊用途的相机物镜焦距达 50 ~ 60cm），在高速相机中的第一物镜焦距也有不同规格，就是为了在规定物距内获得较大的像物比。但要注意，像面照度反比于横向放大率的平方。

2.4.2.2 相对孔径

把物镜的通光孔径（即入瞳直径）与其焦距之比定义为相对孔径。例如，双物镜转镜式扫描相机的光学系统对底片的相对孔径（当物体位于无限远处）为 $\dfrac{D_1}{f_1'} \times \dfrac{1}{\beta_2}$（其中 D_1、f_1' 为第一物镜的孔径及焦距，β_2 为第二物镜放大率）。相对孔径影响着像面照度、光学系统的景深、某些像差和分辨率。

像面照度正比于相对孔径的平方，通常物镜框上以相对孔径的倒数来标记孔径的大小，该值称为光圈数，用 F 表示，所以称为 F 制光圈。镜框（或称镜圈）上的实际刻度值是以公比为 $\sqrt{2}/2$ 的等比级数关系间断地排列光圈直径 1，1.4，2，2.8，4，5.6，8，11，16，22，32，45，64 等 13 级。装在物镜中间的圆形可变光阑用来控制进入照相机的光量，这样可以自由地选择时间与光圈的匹配。当像面照度一定时，F 数越小（或者说光圈越大），即相对孔径越大，通光量就越多，所需摄影时间也就越短。光圈下降一档，像面照度要减小一半，欲获得同样的曝光量（它表示光在感光层上作用的度量，其值取决于照度和曝光时间的积），曝光时间就需要增加一倍。

对于焦距相同的物镜，相对孔径越小，则成像空间深度（即景深）越大。为了加大景深常减小光圈或用短焦距物镜或增大物距。标准平面 P（见图 2-21）通过光学系统后必成一个清晰像于胶片 P' 上，而标准平面的前后的景物在感光片上形成模糊圈（或称弥散圆）Z_1 和 Z_2，若 Z_1 和 Z_2 不超出允许范围，则前后景物的像仍是清晰的，这样的前后景物范围称为景深 Δx。标准平面到前景物（成像保持清晰的最近物）的距离称为前景深 Δx_1；标准平面到后景物（成像保持清晰的最远物）的距离称为后景深 Δx_2。

景深反映在焦平面上，清晰的像点也形成前后一定的范围，这便是焦深 $\Delta x'$。

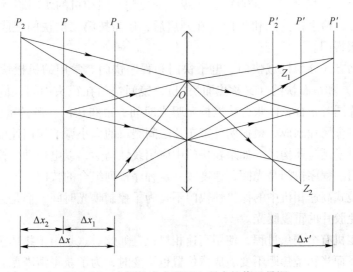

图 2-21 空间物点在平面上所成的像及景深

2.4.2.3 视场角

它决定了能在底片上形成清晰二维空间的范围，一般用能成清晰像的底片尺寸来表示。如图 2-22 所示，当物体位于无穷远时，其像高 y' 可由 $\triangle OA'B'$ 得出：

$$y' = -f'\tan\omega \tag{2-34}$$

式中，ω 为照相机物镜的半视场角（ω 的起始轴为光轴）；f' 为照相机镜头的焦距；y' 为照相机正方形或矩形框的对角线之半。一般照相机镜头的视场角 2ω 在 $50°\sim60°$ 之间，广角镜头的视场角达到 $100°\sim120°$ 或 $120°$ 以上。

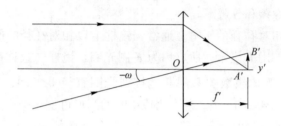

图 2-22   无穷远物体像高示意图

由式（2-34）看出，镜头视场角大小取决于镜头焦距的长短和所用底片的尺寸大小：f' 小而底片尺寸大，视角即大，拍摄范围大；f' 大而底片尺寸小，视角即小，拍摄范围小。

常用的底片类型和长×宽的尺寸（尺寸单位为 mm）为：135 底片，36×24；120 底片，60×60；35mm 电影片，22×16；16mm 电影片，10.4×7.5；航空摄影底片，180×180 和 230×230。

普通照相机控制胶片曝光量是通过可变光阑（控制像面照度）和快门（控制胶片的曝光时间）实现的。

快门是通过机械的作用控制光线在胶片上停留时间的一种计时装置。快门开启时间以秒计算，有慢至 1s、快至 $(1/2000)$s 等多级自动控制。照相机的快门装置还有 B 门（按下快门钮时就开，抬手就关）和 T 门（在开启后，还需按第二次快门钮或转动一张片子才能关闭）两级慢门。

快门按驱动方式分为机械快门、电子快门和程序快门。常用的机械快门有镜间快门（又称中心快门）和帘布快门（又称焦面快门），镜间快门在镜头中间，借助弹簧的张弛使几片钢质叶片同时张合，以张合快慢控制曝光时间；帘布快门在胶片前面，接近焦面，帘布由橡胶布或金属片制成，根据两叶帘布片之间裂口的大小调节快门速度。电子快门是由机械快门加电子延时器构成。如果在快门中应用线性马达，以电作动力控制，这种快门称为全电子快门。程序快门是光圈、速度按一定程序排列组合的快门。

然而，转镜式高速相机中的保护性快门不是为了控制曝光时间，而是为了缩短拍摄前后的漏光或避免胶片的重复曝光。

使用普通相机有个调焦过程，使用高速相机也是如此。这是由于物体至相机物镜的距离通常不确定，而当物镜焦距不变、成像位置也不变时，为了获得清晰像，必须使物镜前后移动，对物调焦。

2.4.3 目视放大镜

由于人眼的视角取决于人眼所观察物体的远近和大小，据此，观察细小物体时，常把物体移近眼睛以增大视角。但是，当移到近点以内时就看不清物体了，为了能在明视距离上看清细小物体，解决眼的生理限制，常借助于目视放大镜。

放大镜由一个焦距比明视距离短的一片正透镜或几片透镜组合而成。

根据图 2-23 求得目视放大镜的放大率

$$M = \frac{250}{f'} \tag{2-35}$$

其中物体 AB 被放大镜成的虚像 $A'B'$ 作为眼睛的物成像在网膜上，并且 $A'B'$ 到透镜的距离与 $A'B'$ 到眼的距离可看作近似相等，又 $-l \approx -f = f'$，$-l_1 = -l' = 250\text{mm}$。例如，在 GSJ 型高速相机中用于观察像面处的像的目视放大镜是由 4 片透镜组成的，还在物平面处配备有不透明标尺的玻璃板，以便物体的像与标尺一起放大，同时出现在目镜的像面上，即明视距离处，其放大倍数为 5 倍。

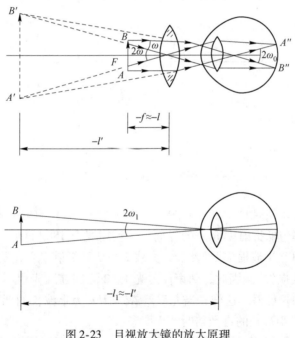

图 2-23 目视放大镜的放大原理

2.5 光波的干涉、衍射和偏振

2.5.1 干涉

任意两列或几列波在空间某一区域相遇时，将各保持其本身的特性，按原传播方向前进，彼此互不影响，这是波的独立性。而在相遇区域内任一点引起的振动，等于这些波单独存在时，在该点引起振动的矢量和，这是波的叠加性。若两列光波的频率相等、相位差恒定、振动方向相同（同在水平方向或同在垂直方向），则这两列光波相遇时会出现稳定的明暗相间的条纹（单色光时）或彩色条纹（复色光时），明条纹处合振幅值最大，暗条纹处则最小，这是光波的相干叠加。这样的两列光波称为相干光波，相应的光源称为相干光源。如果在相遇区域叠加时各处的振动强度都等于两个分振动强度之和，光强是均匀分布的，将其称为非相干叠加。

为了便于观察干涉现象，必须补充两个条件，即两光波在相遇点所产生的光程差及振动的振幅相差不悬殊。

在图 2-24 所示的薄膜干涉现象中，两列光波在相遇时产生明暗条纹的条件为：在透射光线 1′ 和 2′ 相遇时，光程差 $\Delta L = 2hn$ 为半波长的偶数倍（含 0）时产生明条纹；光程差 $\Delta L = 2hn$ 为半波长的奇数倍时产生暗条纹。

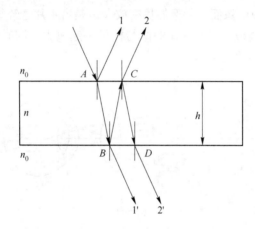

图 2-24   薄膜干涉示意图
n_0—空气介质折射率；n—薄膜折射率；h—薄膜厚度

在反射光线 1 与 2 相遇时，由于光线 1 从低折射率 n_0 介质射向高折射率 n 介质时，反射发生在高折射率与低折射率介质的界面上，反射光有 180° 的相位突变，相当于波多走了半波的距离，即"半波损失"。然而，光线 2 是从高折射率 n 介质射向低折射率 n_0 介质，反射光无"半波损失"。因此，两束反射光 1、2 之间在因光程不等而产生相位差外，又加上一个半波长的相位差。这样，当光程差 $\Delta L = 2hn$ 为半波长的偶数倍时产生暗条纹；当光程差 $\Delta L = 2hn$ 为半波长的奇数倍时产生明条纹。

薄膜干涉是比较复杂的。如果薄膜的厚度均匀，则两列波的光程差决定于光的入射角，凡是入射角相同的入射光，它们的两反射光都具有相同的光程差，形成同一级干涉条纹，这种干涉称为等倾干涉。如果光波的入射角相同，而薄膜的厚度不均匀，则两反射光的光程差取决于薄膜厚度，凡是膜上厚度相同的位置，都具有相同的光程差，形成同一级干涉条纹，这种干涉称为等厚干涉，如楔形空气层（透明尖劈）干涉、牛顿环实验。

如果楔形空气层上下两表面均是理想平面，等厚干涉条纹是均匀分布的直线条纹。如果楔形空气层的表面为圆柱面，从接触处往外，夹角不断增大，空气层厚度也不断增厚，其直线条纹的分布不均匀。随着空气层厚度迅速增加，等厚条纹越来越密。如果楔形空气层的表面为球面，等厚条纹分布也是不均匀的，由空气层厚度相同的点构成的同心圆环，其等厚条纹是同心环状条纹。

牛顿环实验以曲率半径很大的凸透镜接触平板玻璃，二者之间形成的空气薄层的厚度以及薄层的倾角以接触点为中心向外逐渐增大。在某一个半径值的圆周上，各点的空气薄层厚度相等。当用单色光垂直照射时，薄层上、下表面两反射光叠加产生干涉，干涉图样是以接触点为中心的明暗相间的不均匀分布的同心圆环，这就是牛顿环，在透射光情况下，中心点为亮点，而在反射光情况下，中心点为暗点。

在双缝干涉现象中，出现明条纹的条件是：

$$x = k \frac{l}{d}\lambda，k = 0，\pm 1，\pm 2，\cdots \tag{2-36}$$

出现暗条纹的条件是：

$$x = (2k+1)\frac{l}{d} \times \frac{\lambda}{2}，k = 0，\pm 1，\pm 2，\cdots \tag{2-37}$$

式中，整数 k 为干涉级，中央亮条纹 $k = 0$，称为零级，与零级相邻的第一条条纹的干涉级 $k = 1$，称为第一级，$k = 2$ 称为第二级；x 为干涉接收屏上任一点到屏与主光轴的交点的距离；l 为双缝与屏的距离；d 为双缝的间距，如图 2-25 所示。

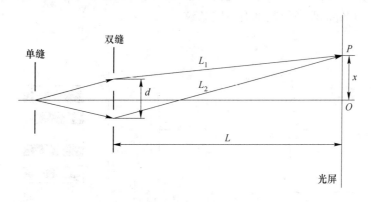

图 2-25　双缝干涉条纹位置

根据出现明条纹或暗条纹的条件，即可求得相邻两条明纹或暗纹的距离

$$\Delta x = (l/d)\lambda \tag{2-38}$$

当测出 d、l、Δx 后，利用式（2-38）即可求得该色光的波长 λ。

应用干涉现象可以测量微小角度和检查表面质量。根据干涉原理制成的各种形式的干涉仪，如迈克尔逊（Michelson）干涉仪，马赫 – 策恩德尔（Mach-Zehnder）干涉仪、法布里 – 珀罗（Fabry-Perot）干涉仪等，均可应用干涉条纹精确地测定物体的长度及运动体的速度。干涉仪是干涉摄影系统的主要组成部分之一。

2.5.2　衍射

光波在同一均匀介质中沿直线传播，所以当光通过任何形状的障碍物到达屏幕上时，在屏上呈现明晰的几何影，影内完全无光，影外有均匀的光强分布。当光通过的障碍物尺寸与光波波长相差不多时，光波的传播路径会发生弯曲，绕到障碍物的后面，在影内有光，在影外的光强分布不均匀，使几何影的轮廓变模糊，这种现象称为光波的衍射。

衍射系统由光源、衍射屏和接收屏组成，按它们相互间距离的大小，将衍射分为两类：一类是光源和接收屏距离衍射屏有限远，称为菲涅尔衍射；另一类是光源和接收屏都距离衍射屏无限远，称为夫琅和费衍射。如果把光源放在透镜的焦点上，把接收屏放在另一个透镜的焦面上，则到达衍射屏的光和衍射光也是平行光束，因此也属于夫琅和费衍射。前者是普遍存在的衍射现象，后者对光路计算简单，也是光学仪器中常见的衍射现象。

根据干涉与衍射的产生原理，干涉与衍射在本质上都是波相干叠加的结果，因此都产生明暗条纹。其不同之处为：衍射条纹是一束光在衍射屏上各点所产生的无数个子波叠加的结果；干涉条纹是两个或两个以上的相干光束叠加的结果。

光程差为 $k\lambda/2$ 时，对某种干涉来说是出现明条纹的条件，而对某种衍射来说却是产生暗条纹的条件。例如，牛顿干涉环在透射光情况下，k 为偶数时，中心点为亮点；而菲涅尔圆孔衍射中所形成的是明暗相间的同心圆环，当 k 为偶数时，中心点是暗斑。反之亦然。

夫琅和费单缝衍射现象如图 2-26 所示。当狭缝 AB 的缝宽从大变小时，屏上的像从几何像变成衍射像，它的中央有一条较宽的明条纹，两侧对称排列着一些亮度和宽度都依次递减的明条纹，相邻的明条纹间都有一暗条纹。

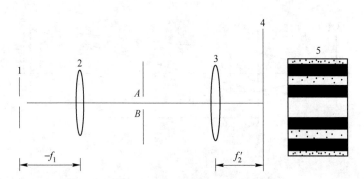

图 2-26 夫琅和费单缝衍射
1—线光源；2，3—透镜；4—屏；5—屏上衍射像

根据图 2-27 可求得夫琅和费单缝衍射产生明暗条纹的条件。宽度为 a 的单缝（狭缝长度方向垂直于书面），在单色平行光的垂直照射下，位于单缝所在的波前 AB 上的子波沿各个方向传播。相位相同的平行光经过透镜后聚焦于一点 P_0，此点仍为亮点，说明它经过透镜后的相位仍然相同。衍射角为 φ（衍射平行光与入射光的夹角称为衍射角）的一束平行光经过透镜 L 后聚焦于接收屏的 P 点，这束光线的两边缘光线之间的光程差为：

$$BC = a\sin\varphi \qquad (2-39)$$

由分析得到，当 φ 适合

$$-\lambda < a\sin\varphi < \lambda \qquad (2-40)$$

时为零级明条纹。当 φ 适合

$$a\sin\varphi = \pm k\lambda, \ k = 1,2,3,\cdots \qquad (2-41)$$

时为暗条纹。当 φ 适合

$$a\sin\varphi = \pm(2k+1)\frac{\lambda}{2}, \ k=1,2,3,\cdots \quad (2\text{-}42)$$

时为明条纹。

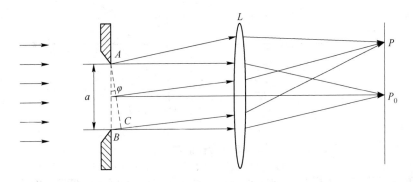

图 2-27　单缝衍射条纹在屏幕上的位置

从 $k=1$，2，3，…分别得到第 1 级、第 2 级、…暗条纹或明条纹。零级条纹处就是几何光学像点的位置。

从单缝衍射条纹的分布和光强度变化看，中央条纹最亮，它占据了光能量的绝大部分，其他亮条纹的亮度随衍射角 φ 的增大而依次减弱，使条纹逐渐模糊，通常只看到中央亮条纹附近为数不多的几条清晰条纹。从条纹的宽度看，中央亮条纹最宽，是其他亮条纹的 2 倍，其他亮条纹的宽度相同。

如果入射光为白光，各种波长的光到达 P_0 点均无光程差，所以中央仍是白色的明亮条纹，而在 P_0 点两侧的各级条纹中，每种色光的条纹按波长排列，波长越长，同级衍射条纹的衍射角越大，因此各自的衍射条纹互相错开，从紫光起到红光为止（一级光谱），稍远些又有了第二组彩色条纹（二级光谱），这种彩色条纹称为衍射光谱。各谱线间的距离随光谱的级数而增加，所以从第二级开始，第二级中的红光一端与第三级的紫光一端重叠，随着级别越大，重叠部分越厉害，使条纹越来越模糊以至消失。

然而，衍射光栅（许多等宽等间距的平行单缝所组成的光学器件称为光栅，有透射光栅和反射光栅之分）产生的衍射结果，并不是每个单独的狭缝所起的作用，这时最重要的作用来自各狭缝所发出的光波之间的干涉，所以说，光栅的衍射条纹应看作是衍射与干涉的总效果。这样，当衍射角 φ 满足

$$d\sin\varphi = \pm k\lambda, \ k=0,1,2,3,\cdots \quad (2\text{-}43)$$

时，出现明条纹。

通常称式（2-43）为光栅方程式，其中 k 为亮条纹级数；d 为光栅常数，它是缝宽 a 和间隔 b 的和，如图 2-28 所示。

由式（2-43）知，d 越小，各级明条纹的位置将分得越开（因为 φ 角越大），光栅上狭缝总数越多，透射光束越强，因此明条纹也越亮，这是单缝衍射所没有的优点。这样，可通过测量 k 所对应的 φ 角确定该单色光的波长 λ。若入射光为复色光，利用衍射光栅可以把这些单色光分开，对于同一级明线，由于光栅常数 d 相同，波长不同的光，其 φ 角不同，所以当 k 一定时，测量出不同的 φ 角，就可求得这条明线所对应的光波波长 λ。

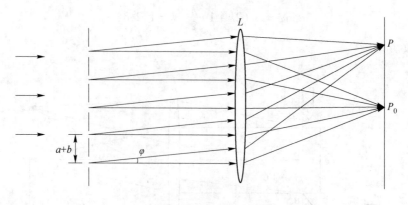

图 2-28　光栅衍射位置

夫琅和费圆孔衍射图样是一列同心圆环，中央是最亮的圆斑。圆孔的零级衍射斑称为爱里斑（G. B. Airy），爱里斑上的光能量占通过圆孔总光能量的 84% 左右，其余约 16% 的光能量分布在周围的各级亮环中。

爱里斑半径对小孔中心的张角通常称为孔径衍射角，以 θ' 表示。θ' 与小孔的直径 D 和介质中入射光波长 λ 之间有以下关系：

$$\theta' = 1.22 \frac{\lambda}{D} \tag{2-44}$$

由式（2-44）知，当 D 越小，则 θ' 越大，即衍射效应越明显。

任何光学系统均有一定的通光孔径，从波动光学理论看，光通过时一定存在衍射现象。这就是说成像完善的光学系统也不可能得到真正的点像，而是在点像处呈一衍射图样。但从式（2-44）看出，只要光学系统的通光孔径 D 远大于用以成像的光束波长 λ，则所得的与爱里斑对应的孔径衍射角 θ' 将非常小，实际上趋于零，即衍射效应可忽略，这时光的传播可看作是沿直线传播，仍可用几何光学的成像规律研究光学系统的成像。

应用式（2-44）计算时，波长用真空中的波长值代入（电磁波谱图中给出的是真空中的波长）。在折射率为 n 的介质中的波长 λ 与真空中波长 λ_0 有下述关系：

$$\lambda = \frac{\lambda_0}{n} \tag{2-45}$$

这是因为同一色光在不同介质中的频率 v 不变，而波长却是变的。在真空中的波速 $c_0 = \lambda_0 v$，在介质中的波速 $c = \lambda v$，而介质的折射率 $n = c_0/c$，这样就可求得式（2-45）。

2.5.3　偏振

自然光通过电气石晶体或人造偏振器后只剩下沿着某一方向振动的光，称为偏振光。

如果光波中的振动只具有一个一定的方向，称为完全偏振光。若光波不只限于某一一定的方向，但在一个振动方向较为显著，称为部分偏振光。偏振光的振动只限制在同一直线方向或者说一个固定平面内的称为线偏振光或称为平面偏振光，正对光线传播方向看，这种偏振光的端点的运动轨迹是一条直线。若光振动的端点不断地在波面内描绘成一椭圆和圆的光则分别称为椭圆偏振光和圆偏振光。

　　偏振器是一种只让某一个振动方向的光波通过的器件，例如，二向色性的晶体和偏振棱镜等。用于获得偏振光的偏振器称为起偏器，为了检查通过起偏器的光是否是偏振光，在起偏器后面再放一个偏振器，称它为检偏器。

　　由于横波的振动方向垂直于波的传播方向，所以光波产生偏振化现象证明光波是横波。

　　如果起偏器与检偏器的偏振方向成某一夹角 θ，则从检偏器射出的光强度 I 与从起偏器射出的偏振光强度 I_0 有如下关系：

$$I = I_0\cos^2\theta \qquad\qquad (2\text{-}46)$$

式（2-46）称为马吕斯定理。

　　应用偏振光检查透明物体内部受力情况，是光测弹性力学的基础。光测弹性的原理是：在各向同性的物体内，原子的电子外壳及物质分子在变形及机械力作用下，聚合链区段定向发生变化或晶体夹杂物的定向发生变化，此时会暂时发生光学的各向异性的作用，即暂时双折射现象。具备暂时双折射性质的透明物体在应力作用下，当平面偏振光进入该物体时，光被分解成两条折射光线，一条是遵守折射定律的寻常光线，用"O"表示，另一条是不遵守折射定律的非寻常光线，用"e"表示，这两种光线的振动平面是相互垂直的，而二者间相位角度的大小取决于被研究物体上所受应力值及光路长度的大小。检偏器只允许这两条光线沿偏振轴方向振动的光分量通过。干涉条纹的分布与所受应力大小及作用位置有关，应力越大，出现的条纹越多。这种光学应力测量方法称为光弹性法。

　　应用光测弹性法研究材料内应力的装置常由带有准直系统的光源、起偏器、检偏器、1/4 波片（使 O 光和 e 光产生相位差为 $\pi/2$ 或其奇数倍的晶体薄片称为 1/4 波片，它能使平面偏振光变成椭圆或圆偏振光）、聚光镜及摄影仪等组成。如果试件是不透明的，只研究其表面的变形，可以在其表面覆盖一层具有反光性能的覆盖物，即在试件表面涂一层铝膜，再把聚异丁烯酸树脂或环氧化合物的薄片（厚度为 $1\sim2\,\mathrm{mm}$）黏合在其表面或用液态塑料喷镀在其表面。若试件表面在冲击、爆炸等荷载作用下产生急剧变形，其摄影仪必须采用高速相机。

练　习

2-1　叙述几何光学基本定律的内容。

2-2　叙述费马原理的内容。

2-3　叙述薄膜干涉和双缝干涉的产生原理。

2-4　叙述光波衍射的产生原理。

2-5　叙述偏振光的定义。

2-6　叙述马吕斯定理的内容。

3 爆炸加载动态数字图像相关法实验方法

3.1 概　述

数字图像相关法（digital imaging correlation，DIC）是通过计算试件变形前后表面的散斑图像灰度值的相关系数，跟踪计算点变形前后的空间位置，从而获得试件表面位移，进而计算试件应变场的光学测试实验方法。在爆破实验中，只需要将试件表面喷斑或者利用天然斑点，并借助高速相机，就可以通过 DIC 方法进行全场应变测量。

爆炸荷载具有瞬态、高幅值以及强间断等特征，给相关研究带来很大困难。基于数字图像相关方法和超高速摄像技术，构建超高速数字图像相关实验系统，应用于爆炸荷载作用下超动态应变场的监测与分析，为研究被爆介质的动态响应问题提供了一种新方法。

3.2　爆炸加载动态数字图像相关法实验原理

3.2.1　表面位移

DIC 方法需要在试件表面喷散斑，由于散斑是随机分布的，每一个散斑点周围区域（即子区）的散斑分布都与其他散斑点周围区域的散斑分布不相同，故以某一点为中心的子区可以作为该点位移和变形信息的唯一载体。其基本原理如图 3-1 所示。

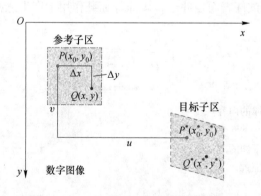

图 3-1　DIC 的基本原理

进行相关计算时，首先选定试件加载变形前的散斑图像作为参考图像，在参考图像中选定一个以 $P(x_0, y_0)$ 为中心、大小为 $(2M+1) \times (2M+1)$ 像素的参考图像子区，通过特定的搜索方法和相关函数在变形后的图像中进行搜索和相关计算。相关系数为最大或最小值时，即为以 $P(x_0, y_0)$ 为中心、大小为 $(2M+1) \times (2M+1)$ 像素的参考子区在变形后图像中对应的目标子区。进而可以确定 $P(x_0,y_0)$ 的位移分量 u 和 v。根据图 3-1 所示变形前后子区中心的坐标关系为:

$$x_0^* = x_0 + u$$
$$y_0^* = y_0 + v \tag{3-1}$$

根据连续介质力学线性变形理论,一点的位移可以用其临近点的位移及其增量来表示。参考子区中任意一点 $Q(x,y)$ 点的位移分量可表示为:

$$u_Q = u + \frac{\partial u}{\partial x}\Delta x + \frac{\partial u}{\partial y}\Delta y$$
$$v_Q = v + \frac{\partial v}{\partial x}\Delta x + \frac{\partial v}{\partial y}\Delta y \tag{3-2}$$

又由于所选子区大小与整个图像的大小相比很小,可以认为子区是均匀变形,因此参考子区内任意一点 $Q(x,y)$ 变形后 $Q^*(x^*,y^*)$ 的坐标为:

$$x^* = x_0 + u + \frac{\partial u}{\partial x}\Delta x + \frac{\partial u}{\partial y}\Delta y$$
$$y^* = y_0 + v + \frac{\partial v}{\partial x}\Delta x + \frac{\partial v}{\partial y}\Delta y \tag{3-3}$$

对于有限变形,可以增加位移的二阶导数项来表示 $Q(x,y)$ 变形后的坐标位置,即

$$x^* = x_0 + u + \frac{\partial u}{\partial x}\Delta x + \frac{\partial u}{\partial y}\Delta y + \frac{1}{2}\times\frac{\partial^2 u}{\partial x^2}(\Delta x)^2 + \frac{\partial^2 u}{\partial x\partial y}\Delta x\Delta y + \frac{1}{2}\times\frac{\partial^2 u}{\partial y^2}(\Delta y)^2$$
$$y^* = y_0 + v + \frac{\partial v}{\partial x}\Delta x + \frac{\partial v}{\partial y}\Delta y + \frac{1}{2}\times\frac{\partial^2 v}{\partial x^2}(\Delta x)^2 + \frac{\partial^2 v}{\partial x\partial y}\Delta x\Delta y + \frac{1}{2}\times\frac{\partial^2 v}{\partial y^2}(\Delta y)^2 \tag{3-4}$$

式中,Δx,Δy 为点 $Q(x,y)$ 到中心点 $P(x_0,y_0)$ 的距离;u,v 为参考子区中心点 $P(x_0,y_0)$ 变形前后的水平位移和垂直位移分量;u,v,$\frac{\partial u}{\partial x}$,$\frac{\partial u}{\partial y}$,$\frac{\partial v}{\partial x}$,$\frac{\partial v}{\partial y}$ 分别为相关计算待求的 6 个参数;$\frac{\partial^2 u}{\partial x^2}$,$\frac{\partial^2 u}{\partial y^2}$,$\frac{\partial^2 u}{\partial x\partial y}$,$\frac{\partial^2 v}{\partial x^2}$,$\frac{\partial^2 v}{\partial y^2}$,$\frac{\partial^2 v}{\partial x\partial y}$ 分别为位移分量的二阶梯度。

图像中一点 $P(x_0,y_0)$ 的灰度值可表示为该点坐标的函数,即

变形前:$f(P) = f(x_0,y_0)$;

变形后:$g(P^*) = g(x_0^*,y_0^*)$。

进行相关计算时,在参考图像上选取一个子区作为样本图像,其灰度分布为 $f(x_0,y_0)$,然后在变形图像上通过相关搜索法寻找匹配的目标子区,其灰度分布为 $g(x_0^*,y_0^*)$。其中 x_0^*,y_0^* 即为包含待求位移的未知量。

采集完试件变形前后的灰度信息后就可以进行相关计算。变形前后子区的匹配程度用数学上的相关系数来衡量。

3.2.2 DIC 相关函数

为了说明变形前和变形后图像子区的相似程度,需要建立一个衡量标准,数学上的相

关系数定量地描述了两个变量之间的关联程度，因此选择相关系数作为衡量两个子区相似程度的标准。当相关函数的值达到最大或最小时（取决于所选相关函数），认为变形前后的子区相互匹配。相关函数描述了变形前后图像子区之间的相似程度，合适的相关函数是进行相关计算的关键之一。相关函数应满足以下几点要求：

（1）简单性。相关函数应具有简单的数学描述。

（2）可靠性。散斑场的随机性决定了各子区是信息的唯一载体，但由于数字化设备在采样和量化过程中的局限性，参考子区可能与变形图像中的不同子区均存在一定的相似程度，导致相关计算存在一定的错误率。这就要求相关函数能够敏感地过滤这些错误，达到较高的可靠性。

（3）抗干扰性。数字图像的噪声是多方面的。所选择的相关函数应能抵抗大多数噪声对相关函数计算造成的不良影响，并保持准确的输出。

（4）高效性。在对试件表面的灰度值进行数字离散化的过程中会产生大量的数字信息，极大增加全场相关计算的工作量，这就要求所选择的相关函数具有较高的计算效率。

相关函数的形式有多种，常用的主要有以下几种。

（1）最小二乘相关函数：

$$C = \sum_{x=-M}^{M} \sum_{y=-M}^{M} [f(x,y) - g(x^*,y^*)]^2 \qquad (3-5)$$

（2）直接相关函数：

$$C = \sum_{x=-M}^{M} \sum_{y=-M}^{M} f(x,y) g(x^*,y^*) \qquad (3-6)$$

（3）标准化相关函数：

$$C = \frac{\sum_{x=-M}^{M} \sum_{y=-M}^{M} [f(x,y) g(x^*,y^*)]}{\sqrt{\sum_{x=-M}^{M} \sum_{y=-M}^{M} f^2(x,y) \sum_{x=-M}^{M} \sum_{y=-M}^{M} g^2(x^*,y^*)}} \qquad (3-7)$$

标准化相关函数对直接相关函数系数作归一化处理，使得相关函数的输出值在 [0，1] 之内。取此相关函数的最大值，即可确定 $f(x, y)$ 和 $g(x^*, y^*)$ 的相似程度。通常标准化相关函数的输出值大于 0.8 时，认为 $f(x, y)$ 和 $g(x^*, y^*)$ 具有相同的特征，当输出小于 0.6 时，认为干扰因素较多，$f(x, y)$ 和 $g(x^*, y^*)$ 的相关性比较可疑。

（4）标准化协方差函数：

$$C = \frac{\sum_{x=-M}^{M} \sum_{y=-M}^{M} [f(x,y) - f_m][g(x^*,y^*) - g_m]}{\sqrt{\sum_{x=-M}^{M} \sum_{y=-M}^{M} [f(x,y) - f_m]^2 \sum_{x=-M}^{M} \sum_{y=-M}^{M} [g(x^*,y^*) - g_m]^2}} \qquad (3-8)$$

标准化协方差函数采用均方差的形式对标准化相关函数作归一化处理，使其取值范围在 [-1，1]。当输出值为 1 时认为 $f(x, y)$ 和 $g(x^*, y^*)$ 完全一样；完全不同时输出为 0；输出为 -1 时表示完全相反。

此外，常见的相关函数形式还有：

$$C_a = \sum_{x=-M}^{M} \sum_{y=-M}^{M} \left[\frac{f(x,y)}{\sqrt{\sum_{x=-M}^{M} \sum_{y=-M}^{M} f^2(x,y)}} - \frac{g(x^*,y^*)}{\sqrt{\sum_{x=-M}^{M} \sum_{y=-M}^{M} g^2(x^*,y^*)}} \right] \tag{3-9}$$

$$C_b = \frac{\left\{ \sum_{x=-M}^{M} \sum_{y=-M}^{M} \left[f(x,y) - f_m \right] \left[g(x^*,y^*) - g_m \right] \right\}^2}{\sum_{x=-M}^{M} \sum_{y=-M}^{M} \left[f(x,y) - f_m \right]^2 \sum_{x=-M}^{M} \sum_{y=-M}^{M} \left[g(x^*,y^*) - g_m \right]^2} \tag{3-10}$$

比较相关函数性能的 4 个参数，分别为相关最大值、次高峰相关系数值、主高峰在相关系数为 0.5 处的宽度和平均位移测量的绝对误差。以上列出的相关函数中，$f(x,y)$ 代表参考图像上坐标为 (x,y) 点的灰度值；$g(x^*,y^*)$ 为目标图像中对应 (x^*,y^*) 点的图像的灰度值；$f_m = \frac{1}{(2M+1)^2} \sum_{x=-M}^{M} \sum_{y=-M}^{M} f(x,y)$ 为参考子区的平均灰度值；$g_m = \frac{1}{(2M+1)^2} \sum_{x=-M}^{M} \sum_{y=-M}^{M} g(x^*,y^*)$ 为对应的目标子区的平均灰度值。

3.2.3 整像素搜索方法

搜索方法是提高数字图像相关运算速度和精度的重要环节。常用的搜索方法有粗细搜索法、十字搜索法、爬山搜索法以及遗传搜索法等。

3.2.3.1 粗细搜索法

该方法先对目标图像子区进行粗略定位，然后在此基础上进行精确的定位搜索，直到获得所需精度为止。实现该方法的一种途径是：对原始图像的一个 2×2 像素或 3×3 像素的小区域进行平均计算，得到二级图像。并采用相同的方法进行平均计算得到第三级图像，以此方法获得更高级别的图像。进行相关计算时，先在高级别的图像中标定目标的大概位置，然后在邻近的上一级图像中进行定位搜索，直到最后在原图像上精确查找定位到目标位置。按照这种缩放式的方法就能实现由粗到细的相关定位搜索。

除了使用上述方法外，还可以通过改变搜索子区和步长的方法实现粗细搜索。其形式是：先对搜索区域使用较大步长进行相关计算，定位相关系数的极值的位置。然后以此极值为中心，用较小的子区和步长再次进行相关搜索计算。重复以上过程，直到在最小步长的相关系数矩阵中计算得到相关系数的最大值及最大值所在位置。

3.2.3.2 十字搜索法

该方法的思想是将二维逐点搜索转变成一维线性搜索以减少搜索时间，相关函数的曲面为一单峰曲面。该搜索法先在单峰曲面上确定一点的位移，然后根据确定的这一点按照"十"字形搜索该单峰曲面的定点。十字搜索法不需要逐点计算二维区域的相关系数值，该方法把复杂的二维搜索问题变成两个一维搜索问题，极大地提高了计算速度。

3.2.3.3 爬山搜索法

爬山搜索法与十字搜索法类似，其搜索过程为：

（1）计算当前子区中点的相关系数，并在给定的搜索步长下，计算该中点周围 8 个像素点的相关函数，以计算的相关函数最大值点所在方位为新的搜索方向，以该点为新的计算中心重新计算相关函数。

（2）比较相关函数值。把沿着当前搜索方向上各点的相关函数值与当前值比较，若大于当前点，则以该方向的下一点且沿着当前方向向前搜索；反之，若小于当前点，则转移到邻近方向点，直至搜索到当前相关函数输出最大的方向。

（3）重复以上搜索过程，直到一点周围各点的相关函数值都小于该点的相关函数值时，该点即为相关系数最大值点。

3.2.3.4　遗传算法

该方法基于问题的最优化描述，取一个点的相关搜索为例：设离散函数为 $f(x, y)$ 和 $g(x^*, y^*)$ 且：

$$\begin{bmatrix} x^* \\ y^* \end{bmatrix} = \mathrm{INT}\left\{\begin{bmatrix} \cos\theta & -\sin\theta \\ \sin\theta & \cos\theta \end{bmatrix}\begin{bmatrix} x \\ y \end{bmatrix} + \begin{bmatrix} u \\ v \end{bmatrix}\right\} \tag{3-11}$$

式中，$\begin{bmatrix} u & v \end{bmatrix}^{\mathrm{T}}$ 和 θ 分别为图像的平移和旋转；INT 为取整符号。对于单个点的特征模板的匹配而言，认为 $\begin{bmatrix} u & v \end{bmatrix}^{\mathrm{T}} = \begin{bmatrix} u_0 & v_0 \end{bmatrix}^{\mathrm{T}}$，$\theta = \theta_0$ 为常数。则问题的最优化描述变为在三维参数空间 (u_0, v_0, θ_0) 中搜索相关函数的极值。

3.2.4　亚像素灰度算法

图像采集设备对物体的灰度信息进行数字化采集时，会把物体表面连续的灰度信息进行离散量化处理。而离散化的结果是灰度信息以整像素为单位进行离散分布，由于缺少亚像素灰度信息，使得相关搜索时是以整像素为单位进行的。其结果是，相关计算得到的变形值也是整像素位置或像素的整数倍的变形值，但实际上变形值并不一定恰好是整像素位置上的，而且整像素的精度在实际应用中也是远远不够的。由此可见，进行亚像素计算的算法也是数字图像相关法的关键技术之一。通常，为提高 DIC 亚像素测量精度可采取以下几种方法：

（1）提高图像采集设备的分辨率。这种方法从硬件设备着手，增加设备像素点阵数，从而增加设备分辨率，这是提高测量精度的最直接方法。但采集设备的分辨率总是有限的，而且增加设备分辨率的代价通常也是相当昂贵的。

（2）采用高放大倍数的光学成像系统。这种方法能有效提高测量精度，但带来的问题是视场的缩小，即可测量面积会相应地减小，这对 DIC 的全场测量相当不利。

（3）采用亚像素定位算法。为了弥补设备分辨率和成像系统的不足，研究人员从软件处理角度着手，采用亚像素定位技术进行亚像素搜索计算。这种方法相对于提高硬件设备可以在降低计算成本的同时理论上实现 0.01 像素的计算精度。

在进行数字图像相关运算时，要达到亚像素精度首先需要有亚像素的灰度值，然后才能求解亚像素的位移和应变。获得亚像素灰度值的方法主要有邻近点插值法、双线性插值法和其他插值法。

3.2.4.1　邻近点插值法

邻近点插值即零阶插值，它把距离插值点位置最近的灰度值作为插值点的输出灰度值。插值点附近的 4 个整像素点为 (i, j)，$(i+1, j)$，$(i, j+1)$，$(i+1, j+1)$，插值点到 4 个整像素点的距离分别为 d_1、d_2、d_3、d_4，则邻近点插值公式可表示为：

$$g(x,y) = f_k(i,j), d_k = \min\{d_1, d_2, d_3, d_4\} \tag{3-12}$$

式中，$g(x, y)$ 为插值点灰度值；$f(i, j)$ 为整像素点的灰度值。

3.2.4.2 双线性插值法

双线性差值是一阶差值算法，灰度值连续，灰度的一阶导数不连续。采用双线性差值对刚体运动进行差值计算，能够获得良好的精度。设 (x, y) 为非整像素点，$g(x, y)$ 为其对应的灰度值，假设 (x, y) 点周围4个整像素点分别为 (i, j)，$(i+1, j)$，$(i, j+1)$，$(i+1, j+1)$，亚像素点 (x, y) 上的双线性差值可表示为：

$$g(x,y) = ax + by + cxy + d, \ 0 < x < 1; \ 0 < y < 1 \tag{3-13}$$

式中，$a = g(i+1,j) - g(i,j)$；$b = g(i,j+1) - g(i,j)$；$c = g(i+1,j+1) - g(i+1,j) - g(i,j+1) + g(i,j)$；$d = g(i,j)$。$g(i,j)$ 为整像素点 (i, j) 的灰度值。

3.2.4.3 各插值法对比

除以上提到的邻近点插值法和双线性插值法外，常见的插值法还有 B 样条插值法、三次样条插值法和双立方插值法。三次样条插值把插值区间平均分成 n 份，并在每一个子区间上用 Hermite 插值法求出插值函数 $S_3(x)$。双立方插值则利用待插值点周围的16个数据点对待插值点进行插值计算。双立方插值公式为：

$$g(x,y) = a_1 + a_2x + a_3y + a_4x^2 + a_5xy + a_6y^2 + a_7x^3 + a_8x^2y + a_9xy^2 + a_{10}y^3 +$$
$$a_{11}x^3y + a_{12}xy^3 + a_{13}x^2y^2 + a_{14}x^3y^2 + a_{15}x^2y^3 + a_{16}x^3y^3 \tag{3-14}$$

用 MATLAB 对以上提到的插值方法进行比较，如图 3-2 所示。从图 3-2 可直观地观察到，邻近点差值法出现了阶梯现象，平滑性最差，插值效果也不理想。双线性插值结果的平滑性比邻近点插值好，但在曲面峰值点处的平滑效果仍不理想。B 样条插值、三次样条插值和双立方插值的结果平滑性更好，这三种插值方法降低了双线性插值的不良效应，得到的曲面更加光滑。相对于三次样条插值，B 样条插值的曲面峰值处平滑效果更好。双立方插值的结果最精细，曲面峰值平滑效果最优。但这种插值方法需要用到插值点周围的16个数据点，同样条件下需要的计算机内存最多，计算量大，效率较低。

3.2.5 亚像素位移求算法

3.2.5.1 拟合法

多项式拟合是最常用的拟合方法之一。进行拟合是以整像素点的相关系数为基点将其拟合为连续曲面，该相关系数曲面的最值点坐标即为亚像素位移的计算搜索结果。多项式拟合公式为：

$$C(x,y) = a_0 + a_1x + a_2y + a_3x^2 + a_4xy + a_5y^2 \tag{3-15}$$

若采用 $n \times n$ 的拟合窗口就会出现 $n \times n$ 个式 (3-15)，可以通过最小二乘法求解二元二次多项式的待定系数 a_1、a_2、a_3、a_4、a_5。由最小二乘原理，相关系数函数 $C(x, y)$ 在拟合曲面的极值点（通常为最值点）处应满足以下关系：

$$\left.\begin{array}{l} \dfrac{\partial C(x,y)}{\partial x} = a_1 + 2a_3x + a_4y = 0 \\[2mm] \dfrac{\partial C(x,y)}{\partial y} = a_2 + 2a_5y + a_4x = 0 \end{array}\right\} \tag{3-16}$$

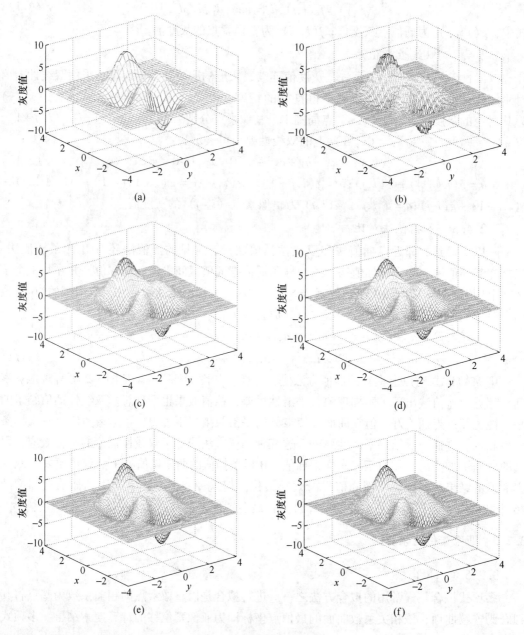

图 3-2　插值结果比较

（a）无插值；（b）邻近点插值；（c）双线性插值；（d）B 样条插值；（e）三次样条插值；（f）双立方插值

求解方程（3-16），得：

$$x = \frac{2a_1 a_5 - a_2 a_4}{a_4^2 - 4a_3 a_5}, \quad y = \frac{2a_2 a_3 - a_1 a_4}{a_4^2 - 4a_3 a_5} \tag{3-17}$$

式（3-17）计算所得的（x，y）即为所求极值点的亚像素坐标。已知坐标（x，y）和变形前子区中心位置（x_0，y_0）就可以通过下式计算位移 u，v：

$$u = x - x_0, \quad v = y - y_0 \tag{3-18}$$

3.2.5.2 基于梯度的亚像素位移算法

基于梯度的亚像素位移算法假设子区足够小，且物体位移很小，该子区的运动方式近似为刚体运动。设 $f(x, y)$，$g(x^*, y^*)$ 分别表示变形前后的子区灰度。则在子区内有：

$$f(x,y) = g(x^*,y^*) \tag{3-19}$$

其中，

$$x^* = x + u + \Delta u, \quad y^* = y + v + \Delta v \tag{3-20}$$

式中，u，v 为点 (x, y) 的整像素位移分量；Δu，Δv 为与点 (x, y) 的整像素位移对应的亚像素位移分量。对式（3-19）取一阶泰勒展开式并舍去高阶小项，得：

$$f(x,y) = g(x + u + \Delta u, y + v + \Delta v)$$

$$= g(x + u, y + v) + \Delta u \frac{\partial g(x + u, y + v)}{\partial x} + \Delta v \frac{\partial g(x + u, y + v)}{\partial y}$$

$$f(x,y) - g(x + u, y + v) = \Delta u \frac{\partial g(x + u, y + v)}{\partial x} + \Delta v \frac{\partial g(x + u, y + v)}{\partial y} \tag{3-21}$$

式中，$\dfrac{\partial g(x + u, y + v)}{\partial x}$，$\dfrac{\partial g(x + u, y + v)}{\partial y}$ 为灰度的一阶梯度。对于真实微小位移 Δu、Δv，应使最小二乘相关函数取驻值：

$$C = \sum_{x = -M}^{M} \sum_{y = -M}^{M} \left[f(x,y) - g(x + u + \Delta u, y + v + \Delta v) \right]^2 \tag{3-22}$$

根据函数取驻值的条件有：

$$\frac{\partial C}{\partial (\Delta u)} = 0, \quad \frac{\partial C}{\partial (\Delta v)} = 0 \tag{3-23}$$

求解式（3-23）可得亚像素位移结果：

$$\begin{bmatrix} \Delta u \\ \Delta v \end{bmatrix} = \begin{bmatrix} \sum \sum \left(\frac{\partial g}{\partial x}\right)^2 & \sum \sum \frac{\partial g}{\partial x} \frac{\partial g}{\partial y} \\ \sum \sum \frac{\partial g}{\partial x} \frac{\partial g}{\partial y} & \sum \sum \left(\frac{\partial g}{\partial y}\right)^2 \end{bmatrix}^{-1} \begin{bmatrix} \sum \sum (f - g) \frac{\partial g}{\partial x} \\ \sum \sum (f - g) \frac{\partial g}{\partial y} \end{bmatrix} \tag{3-24}$$

求解式（3-24）的关键是计算灰度梯度 g_x、g_y。在求解刚体平移和单轴拉伸变形时，Barron 梯度算子是最精确、最稳定的梯度算子，Barron 梯度算子的算法为

$$\left. \begin{aligned} \frac{\partial g(x + u, y + v)}{\partial x} &= \frac{1}{12} g(x - 2, y) - \frac{8}{12} g(x - 1, y) + \frac{8}{12} g(x + 1, y) - \frac{1}{12} g(x + 2, y) \\ \frac{\partial g(x + u, y + v)}{\partial y} &= \frac{1}{12} g(x, y - 2) - \frac{8}{12} g(x, y - 1) + \frac{8}{12} g(x, y + 1) - \frac{1}{12} g(x, y + 2) \end{aligned} \right\} \tag{3-25}$$

3.2.5.3 Newton-Raphson 迭代法

根据前面的阐述，爆炸加载动态数字图像相关法的关键是求解相关函数的极值。Newton-Raphson 迭代法考虑了子区形状的变化且可同时获得位移和应变信息，是求解相关函数 6 个参数 $\left(u, v, \dfrac{\partial u}{\partial x}, \dfrac{\partial u}{\partial y}, \dfrac{\partial v}{\partial x}, \dfrac{\partial v}{\partial y} \right)$ 最常用和最精确的方法。设：

$$\boldsymbol{w} = \begin{bmatrix} u & v & \dfrac{\partial u}{\partial x} & \dfrac{\partial u}{\partial y} & \dfrac{\partial v}{\partial x} & \dfrac{\partial v}{\partial y} \end{bmatrix}^{\mathrm{T}} \tag{3-26}$$

相关函数 $\boldsymbol{C}$ 的 Jacobian 向量 $\boldsymbol{g}$：

$$\boldsymbol{g} = \begin{bmatrix} \dfrac{\partial C}{\partial u} & \dfrac{\partial C}{\partial v} & \dfrac{\partial C}{\partial \left(\frac{\partial u}{\partial x}\right)} & \dfrac{\partial C}{\partial \left(\frac{\partial u}{\partial y}\right)} & \dfrac{\partial C}{\partial \left(\frac{\partial v}{\partial x}\right)} & \dfrac{\partial C}{\partial \left(\frac{\partial v}{\partial y}\right)} \end{bmatrix}^{\mathrm{T}} \tag{3-27}$$

相关函数 C 对 6 个参数的二阶偏导数组成 Hessian 矩阵，设为 $\boldsymbol{H}$：

$$
\boldsymbol{H} =
\begin{bmatrix}
\dfrac{\partial^2 C}{\partial u \partial u} & \dfrac{\partial^2 C}{\partial u \partial v} & \dfrac{\partial^2 C}{\partial u \partial\left(\frac{\partial u}{\partial x}\right)} & \dfrac{\partial^2 C}{\partial u \partial\left(\frac{\partial u}{\partial y}\right)} & \dfrac{\partial^2 C}{\partial u \partial\left(\frac{\partial v}{\partial x}\right)} & \dfrac{\partial^2 C}{\partial u \partial\left(\frac{\partial v}{\partial y}\right)} \\[3mm]
\dfrac{\partial^2 C}{\partial v \partial u} & \dfrac{\partial^2 C}{\partial v \partial v} & \dfrac{\partial^2 C}{\partial v \partial\left(\frac{\partial u}{\partial x}\right)} & \dfrac{\partial^2 C}{\partial v \partial\left(\frac{\partial u}{\partial y}\right)} & \dfrac{\partial^2 C}{\partial v \partial\left(\frac{\partial v}{\partial x}\right)} & \dfrac{\partial^2 C}{\partial v \partial\left(\frac{\partial v}{\partial y}\right)} \\[3mm]
\dfrac{\partial^2 C}{\partial\left(\frac{\partial u}{\partial x}\right)\partial u} & \dfrac{\partial^2 C}{\partial\left(\frac{\partial u}{\partial x}\right)\partial v} & \dfrac{\partial^2 C}{\partial\left(\frac{\partial u}{\partial x}\right)\partial\left(\frac{\partial u}{\partial x}\right)} & \dfrac{\partial^2 C}{\partial\left(\frac{\partial u}{\partial x}\right)\partial\left(\frac{\partial u}{\partial y}\right)} & \dfrac{\partial^2 C}{\partial\left(\frac{\partial u}{\partial x}\right)\partial\left(\frac{\partial v}{\partial x}\right)} & \dfrac{\partial^2 C}{\partial\left(\frac{\partial u}{\partial x}\right)\partial\left(\frac{\partial v}{\partial y}\right)} \\[3mm]
\dfrac{\partial^2 C}{\partial\left(\frac{\partial v}{\partial x}\right)\partial u} & \dfrac{\partial^2 C}{\partial\left(\frac{\partial v}{\partial x}\right)\partial v} & \dfrac{\partial^2 C}{\partial\left(\frac{\partial v}{\partial x}\right)\partial\left(\frac{\partial u}{\partial x}\right)} & \dfrac{\partial^2 C}{\partial\left(\frac{\partial v}{\partial x}\right)\partial\left(\frac{\partial u}{\partial y}\right)} & \dfrac{\partial^2 C}{\partial\left(\frac{\partial v}{\partial x}\right)\partial\left(\frac{\partial v}{\partial x}\right)} & \dfrac{\partial^2 C}{\partial\left(\frac{\partial v}{\partial x}\right)\partial\left(\frac{\partial v}{\partial y}\right)} \\[3mm]
\dfrac{\partial^2 C}{\partial\left(\frac{\partial u}{\partial y}\right)\partial u} & \dfrac{\partial^2 C}{\partial\left(\frac{\partial u}{\partial y}\right)\partial v} & \dfrac{\partial^2 C}{\partial\left(\frac{\partial u}{\partial y}\right)\partial\left(\frac{\partial u}{\partial x}\right)} & \dfrac{\partial^2 C}{\partial\left(\frac{\partial u}{\partial y}\right)\partial\left(\frac{\partial u}{\partial y}\right)} & \dfrac{\partial^2 C}{\partial\left(\frac{\partial u}{\partial y}\right)\partial\left(\frac{\partial v}{\partial x}\right)} & \dfrac{\partial^2 C}{\partial\left(\frac{\partial u}{\partial y}\right)\partial\left(\frac{\partial v}{\partial y}\right)} \\[3mm]
\dfrac{\partial^2 C}{\partial\left(\frac{\partial v}{\partial y}\right)\partial u} & \dfrac{\partial^2 C}{\partial\left(\frac{\partial v}{\partial y}\right)\partial v} & \dfrac{\partial^2 C}{\partial\left(\frac{\partial v}{\partial y}\right)\partial\left(\frac{\partial u}{\partial x}\right)} & \dfrac{\partial^2 C}{\partial\left(\frac{\partial v}{\partial y}\right)\partial\left(\frac{\partial u}{\partial y}\right)} & \dfrac{\partial^2 C}{\partial\left(\frac{\partial v}{\partial y}\right)\partial\left(\frac{\partial v}{\partial x}\right)} & \dfrac{\partial^2 C}{\partial\left(\frac{\partial v}{\partial y}\right)\partial\left(\frac{\partial v}{\partial y}\right)}
\end{bmatrix}
\tag{3-28}
$$

则根据 Newton-Raphson 迭代原理有：

$$\Delta w = -\boldsymbol{H}^{-1}\boldsymbol{g} \tag{3-29}$$

以上基于相关函数 C 关于 w 的一阶偏导数和二阶偏导数在搜索子区内存在且连续，因此，根据式（3-29）可进行迭代求解。通常经过 3~4 次的迭代就会收敛，从而求出相关函数的极值。改进后的 Newton-Raphson 迭代法提高了收敛速度，减小了计算量，并且解决了局部极小值导致的不收敛问题，使该方法具有更佳的适用性。

3.3　爆炸加载动态数字图像相关法实验系统

由于高速摄影技术的限制，数字图像相关法在爆破研究中的应用较少。在爆炸荷载作用下，被爆介质的动态响应问题是工程爆破施工过程中的重要问题。但是，由于爆炸荷载具有瞬态、高幅值以及强间断等特征，给相关研究带来很大困难。另外，为了降低爆破实验中试件的边界效应，通常采用的试件尺寸相对较大，观测区域也较大，因此需要采用高分辨率和超高速的相机才能满足超高速数字图像相关测量法研究。

爆炸是在瞬间完成的高速现象，其产生的作用效果也在极短的时间内完成。这就要求高速图像采集系统能够同步或提前工作，以保证采集到爆炸前未变形的图像作为参考。常见的 2D-DIC 实验系统并不能很好地完成这样的工作，这对爆炸加载 DIC 实验系统提出了新的要求。中国矿业大学（北京）光测力学实验室搭建的爆炸加载超高速 DIC 实验系统既有传统 DIC 实验系统的特点，又能满足爆炸加载条件下的超高速动态特征采集的要求。该系统的软件设备与硬件设备介绍如下。

3.3.1 软件设备

软件设备可使用美国 CSI 公司（Correlated Solutions，Inc.）的 VIC-2D 数字图像相关分析软件，进行实验图像的后续分析。CSI 的数字图像相关分析技术源自美国南卡罗来纳大学（USC，最早进行 DIC 研究的单位之一），作为 DIC 的原创者和领导者，其 VIC-2D 分析软件已经非常成熟，图 3-3 为 VIC-2D 分析软件的使用界面。该软件具有自动标定图形缩放系数的功能，可以实现像素单位与公称单位之间的换算，可以自由设置子区和搜索步的大小，能够适应不同大小散斑图像的计算。该软件以其操作的简便性、计算结果的精确性被广泛用于国内外的 DIC 分析中。该软件进行相关计算时可以选择 3 个不同的相关函数：

（1）平方差相关函数：该函数对光线明亮变化敏感，精度最差。

（2）标准化相关函数：该函数对光线明亮变化不敏感，能在满足精度和计算速度的前提下进行最优的计算。

（3）零标准化的相关函数：该函数对光线明亮和光线偏移变化都不敏感。

该软件采用 B 样条插值法计算亚像素精度，可以选择 optimized 4-tap、optimized 6-tap、optimized 8-tap 3 种不同的优化插值方法。3 种亚像素计算方法的位移精度依次提高。通常而言，选择 optimized 6-tap 能够满足计算精度和计算速度的双重要求。

图 3-3　VIC-2D 软件操作界面

VIC-2D 分析过程中和分析完成后都会输出一系列参数，软件中各参数的含义见表 3-1。

表 3-1　参数含义

参　数	含　义
Points	图像计算区域的数据点数目
Time	相关计算所用时间，单位 s
Error	相关计算误差，此参数较大表明标定或相机同步出现问题
Iterations	迭代次数，用于评测每个点有多少可能的匹配点，越小越好
x、y	x 方向、y 方向的坐标值
u、v	x 方向、y 方向的位移值，标定后的单位为 mm 或 m
e_{xx}、e_{yy}、e_{xy}	x 方向的应变、y 方向的应变及 xy 方向的剪切应变
e_1、e_2	最大主应变和次主应变
Sigma	位置匹配的置信区间，Sigma < 0.02pixel 认为相关计算可靠
Gamma	主应变角，单位 rad

3.3.2　硬件设备

爆炸加载动态数字图像相关法实验系统如图 3-4 所示，该实验系统主要由超高速相机、计算分析系统、照明系统、爆炸加载装置和同步控制系统组成。

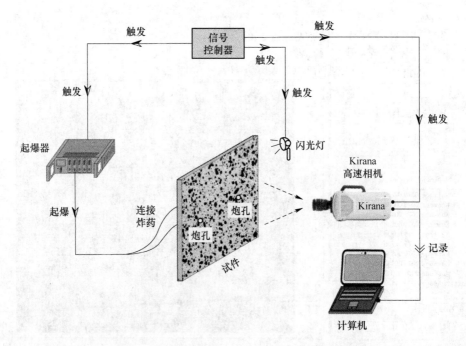

图 3-4　爆炸加载动态数字图像相关法实验系统

考虑试件边界效应和爆炸应力波速度等因素，爆破实验一般要求试件尺寸较大，继而要求高速相机拍摄速度快、像素高。传统的多火花式高速相机，拍摄速度能达到 0.2Mf/s，但其为胶片式，无法满足数字化要求。普通的高速 CCD 相机或 CMOS 相机，随着拍摄速率的增加，图像分辨率大幅降低，如 Photron 公司的 Fastcam 系列相机，拍摄速度最快能达到 1Mf/s，但图像分辨率只有（64×28）像素，无法满足大尺寸爆破实验要求。另外一种分幅式超高速相机，如 PCO 公司的 HSFC-pro 相机，采用 2~4 个 CCD 镜头，拍摄速度能达到 200Mf/s，但每次最多拍摄 32 幅照片，且这些照片由 4 个 CCD 镜头成像，导致图像灰度不一致，且有畸变，不适合数字图像相关分析。随着科技的发展，一种新型的 μCMOS 传感器超高速相机 Kirana-5M 逐渐成熟，拍摄速度为 5Mf/s，图像分辨率为（924×768）像素，能够满足爆破实验要求。

国内外成熟的数字图像相关计算分析系统有美国 CSI 公司的 VIC 系统、德国 GOM 公司的 ARAMIS 系统和德国 DANTEC 公司的 Q 系列系统等，其原理基本相同，计算和后处理方面各有特色。新搭建的爆炸加载动态数字图像相关法实验系统选用美国 CSI 公司的 VIC-2D 系统，采用标准化的平方差相关函数进行相关计算，具有自动标定图形缩放系数的功能，对光线明亮变化不敏感，能在满足精度和计算速度的前提下进行最优的计算。

针对 5Mf/s 超高拍摄速度，要求曝光速率小于 200ns，传统的 LED 光源无法满足要求。实验可采用 SI-AD500 照明系统，由控制器和闪光灯组成。控制器为四通道 CU-500 型控制器，可以控制多个闪光灯同时或顺序工作。闪光灯为 FH-500 型氙气灯，可以在触发后 40μs 达到最强照明亮度，恒定光强的持续时间为 2ms。

爆炸加载装置是自主设计，采用自制药包（一般为叠氮化铅），置于试件上的预制炮孔中，药包内埋设引爆线，通过螺栓对加载头施加压力夹紧炮孔，炸药由同步控制系统中的起爆器引爆。

爆破实验中闪光灯、相机拍摄、炸药起爆等一系列动作需要依次进行，要求同步控制系统必须满足微秒级的精确控制。由于 FH-500 闪光灯得到触发信号后，40μs 后光照强度才能达到稳定状态，且其稳定状态只能持续 2ms，因此以单炮孔触发为例，若闪光灯触发信号定义为 0μs 时刻，那么相机的拍摄时刻为 40μs，炸药起爆时刻为 45μs。基于此，研发了四通道 HD12-2 型程序控制多路脉冲控制系统，可以设置起爆、照明与相机等设备的触发顺序和延时时间，实现了微秒级精确控制。

3.3.3 散斑尺寸

进行 DIC 实验前，首先要在试件表面制作合适的散斑。散斑是物体表面灰度信息的载体。由于散斑质量对 DIC 相关计算的结果是决定性的，因此优良的散斑制作技术能保证实验结果的精确性。散斑有激光散斑和白光散斑之分，激光散斑是用相干性好的激光在物体表面的漫反射形成，激光散斑比较适用于小变形；白光散斑可以是试件表面自然形成的表面纹理，也可以是在试件表面喷涂黑白漆或其他方法制成的人工散斑。白光散斑光路系统简单，避免了激光散斑复杂的光路调整过程，这使白光散斑的应用更普遍。本书所指的散斑都是白光散斑。

不同的试件尺寸和材料、不同的实验人员、不同的散斑制作技术制作出的散斑大小、散斑形状都会有很大差异。作为试件变形信息的载体，散斑质量是决定相关运算精度的重要因素之一。散斑颗粒太小，则难以满足摄像机分辨率的要求，导致散斑被相机漏识；相反，散斑颗粒太大，虽能满足分辨率的要求，但也带来了相机误识的风险，从而降低测量精度。不同散斑尺寸在不同位移、不同距离下的测量精度差异较大，通常而言，散斑直径范围在 3～7 像素最优。

3.3.4　散斑制作

制作散斑有多种方法，如人工制斑法、计算机辅助制斑法等。人工制作散斑也有不同的方法，常用的方法是在试件表面喷涂黑白哑光漆以形成随机散斑。这种制斑方法简便，且喷涂材料容易获取。常用的喷涂法制作的散斑会受到喷嘴大小、喷漆的黏性、喷涂的时间、喷涂的方向及操作者的熟练程度等因素的影响。为了提高人工散斑的制作质量，用喷涂法制作散斑时建议遵守以下流程：

（1）将打磨抛光后的试件水平放置，先在试件表面均匀喷一层白色哑光漆。喷涂哑光白色漆时，喷射方向与试件大致呈 45°夹角，可适当加快喷射速度以达到均匀喷涂的效果。完成白色底漆的喷涂后将试件放置 5～10min，等待白色底漆晾干。

（2）待白色底漆晾干后，喷涂黑色哑光漆。同样把试件水平放置。为了保证散斑尺寸的均匀，喷涂黑色哑光漆前可以在试件表面覆盖一层纱网，然后在喷射方向与试件大致呈 90°的情况下缓慢喷漆，使黑色哑光漆呈现雾状飘落。喷涂初始阶段喷射速度难以控制，可先对着试件外的空域进行喷涂，然后减慢喷涂速度，待喷射的哑光漆雾合适时转向对试件进行喷涂。

（3）对散斑大小不满意的局部区域可重复喷涂，同时，需要随机转动纱网的方向，以保证散斑方向的随机性。

此外也有用记号笔在试件上通过随机点斑形成的散斑，也有用印章法制作的散斑，但该方法需要事先制作散斑模板。用喷涂法和随机点斑法制作的散斑，分别如图 3-5 和图 3-6 所示。

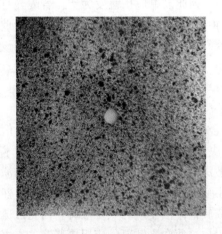

图 3-5　喷涂法散斑

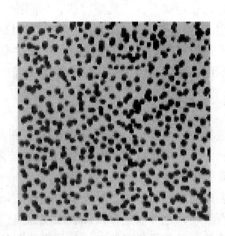

图 3-6　手工点斑

从图 3-5 和图 3-6 可以看出，喷涂法制作的散斑存在个别散斑点极大或极小、散斑分布极度不均匀的情况。相比之下，手工点斑法效果更好，但这种方法费时费力，且散斑密度不易控制，这种制斑方法更适合尺寸较小的试件。人工散斑不良的适应性、不良的控制性和不理想的操作性极大地影响了散斑质量，对 DIC 分析结果的影响是巨大的。所以仅在缺少条件的情况下建议使用这种手工方法制作散斑。

计算机技术的应用使散斑制作更加方便。把碳粉热转印技术引入散斑的制作，先用计算机模拟设计散斑样式，然后打印设计的散斑图样，最后通过热转印技术，将计算机打印的散斑图样印在试件表面。此外，还有平版印刷法和模板印刷法。首先，用计算机模拟生成一张散斑照片，然后用打印机将散斑图像打印在试件上，打印法制作的散斑图像如图3-7所示。

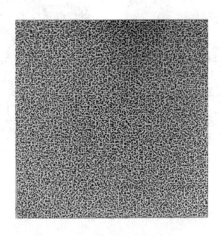

图3-7 打印散斑

从图3-7中不难看出，打印技术制作的散斑大小、散斑密度以及散斑不规则度等参数都是可控的，这有利于调整不同尺寸试件的散斑质量，而且打印技术制作的散斑质量明显优于手工制作的散斑。打印散斑更均匀，梯度更好，这种方法制作的散斑也更能适应试件尺寸较大的情况。

3.4 爆炸加载动态数字图像相关法实验案例

DIC方法作为一种非接触、全场测量的光测力学实验方法，在许多动态加载领域取得了成功应用。在动态变形场中的应用主要集中在冲击动态过程中，相比之下，爆炸加载持续时间更短、对系统要求更高。而关于爆炸这种超动态过程的DIC实验较少，鉴于爆破在实际工程中的重要应用，以及DIC在全场变形测量中的优越性，进行爆炸荷载下的DIC实验具有重要的现实意义。本节以Michael A. Sutton、W. L. Fourney和Zhang Zongxian等人发表的期刊论文为例，介绍DIC方法在爆破实验中的应用。

3.4.1 浅埋炸药爆炸作用下铝合金平板瞬态响应实验

Michael A. Sutton和W. L. Fourney等采用高速立体CMOS成像系统，建立了三维DIC测试系统，对沙土中浅埋炸药爆炸荷载下6061型铝合金平板试样瞬态变形进行了全场测量。

3.4.1.1 实验准备

实验在马里兰大学动力效应实验室（Dynamic Effects Laboratory）进行。实验试件是

6061 型铝片，尺寸为 $0.356m \times 0.406m \times 0.0016m$，用螺栓将其与矩形钢架的底面固定，如图3-8（a）所示，形成了一个 $0.305m \times 0.356m$ 的中心无支撑试样区域。试样的质量为 $4.67kg$，钢架和螺栓质量为 $4.06kg$。装配完成后，使用 4 个可调支架将矩形钢架放置在沙坑上方，如图3-8（b）所示。

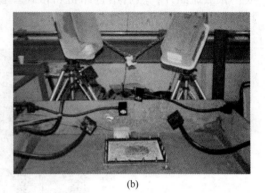

（a）   （b）

图3-8　铝合金平板和实验布置图
（a）铝合金平板；（b）实验布置图

在实验中，两台高速相机在两种不同的设置下运行：（1）256×256 像素，拍摄速度 26143fps；（2）128×128 像素，拍摄速度 61538fps。两台高速相机同步，通过外部 TTL 脉冲信号触发。所有图像均以 8bit 输出并存储。由于 DIC 是将变形图像的部分与未变形图像中对应的部分进行匹配，因此图像质量对 DIC 的测量起着至关重要的作用。由于两台相机同时拍摄，在爆炸实验前，须进行相机校准。

3.4.1.2　实验结果分析

爆破实验中，从爆炸区域发出瞬时砂柱冲击铝合金平板，如图3-9(a) 所示。推测铝合金全程应变测量变化是由不同空间位置的砂柱对试件的瞬时冲击造成的。铝合金平板变形出现明显的局部化特征，如图3-9(b) 所示。中心爆炸冲击区的塑性变形整体轮廓近似半球形，其他部位无明显塑性变形。

图3-10 展示了薄板在浅埋炸药爆炸荷载作用下所经历的全场离面位移场，爆炸过程早期的垂直运动高度局部化，炸药的正上方中心处离面位移最大，从中心点向外径向减小。

图3-11 展示了相应的全场瞬态离面加速度。与位移不同的是，爆炸过程产生了几乎同心的最大加速度环状区域。从平板中心径向向外传播，影响剩余的板区域，类似水中的环形波产生过程。在爆炸加载的早期阶段，出现了极高的粒子加速度，最高达到了 $10^7 m/s^2$。

3.4.2　柱状药包爆炸作用下花岗岩瞬态响应实验

张宗贤教授借助花岗岩表面的天然斑点，采用高速 DIC 方法，研究了花岗岩立方体试件在爆炸作用下的破裂行为，包括裂纹萌生、裂纹扩展、断裂模式、全场应变变化和立方体表面的碎片运动等过程。

图 3-9　爆炸瞬间沙土飞出（a）和爆炸后铝合金平板变形明显（b）

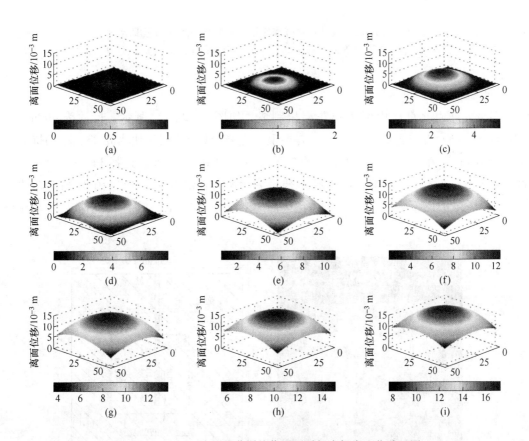

图 3-10　7.6mm 浅埋炸药爆炸作用下平板全场离面位移云图

（a）0μs；（b）16.25μs；（c）32.5μs；（d）48.75μs；（e）65μs；（f）81.25μs；

（g）97.5μs；（h）113.75μs；（i）130μs

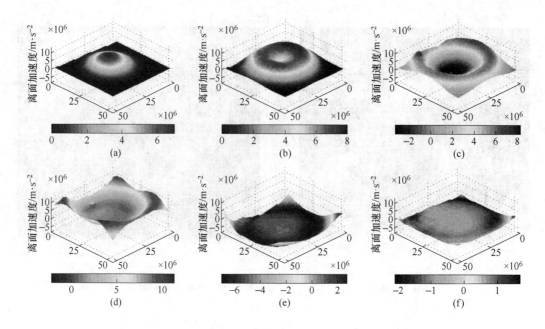

图3-11　7.6mm浅埋炸药爆炸作用下平板全场离面加速度云图
(a) 16.25μs；(b) 32.5μs；(c) 48.75μs；(d) 65μs；(e) 81.25μs；(f) 97.5μs

3.4.2.1　实验准备

实验试件由北京房山区中粒花岗岩制成，如图 3-12（a）所示，尺寸为 400mm ×
400mm×400mm，密度为 2.74g/cm³，弹性模量为 43.8GPa，泊松比为 0.23，单轴抗压强
度为 84.1MPa。在立方体表面中心垂直钻孔，直径为 10mm。炸药选择 PETN，放置在垂
直钻孔中，如图 3-12（b）所示。单孔装药量分为两种：6g 和 12g，实验中炸药单耗约为
0.09kg/m³ 和 0.18kg/m³。从药包到自由表面的距离为 200mm，从而使最小抵抗线与炸药

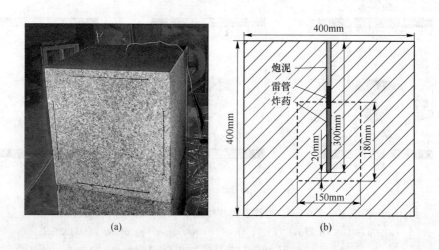

图3-12　花岗岩试件（a）和装药位置（b）

直径的比值为 20。实验采用 Photron Fastcam SA5 高速相机，分别采用了 3 种拍摄参数：（1）256×304 像素分辨率，拍摄速度 75000fps，分析小面积表面应变场；（2）576×600 像素分辨率，拍摄速度 20000fps，分析表面应变场和表面裂纹形貌；（3）768×648 像素分辨率，拍摄速度 15000fps，分析碎片运动。

3.4.2.2 实验结果分析

图 3-13 展示了试件 S-4 和 S-5 起爆后高速相机拍摄的图像，S-4 中炸药为 12g，S-5 中炸药为 6g，从两试件的裂纹数量、张开度可明显体现出炸药量越多对花岗岩破坏越大。两试件的表面裂纹大多为竖向，与柱状装药方式密切相关。随着竖向裂纹张开，破碎块体向两侧运动。S-4 试件在 1500μs 时，观察到爆生气体从裂缝中逸出。

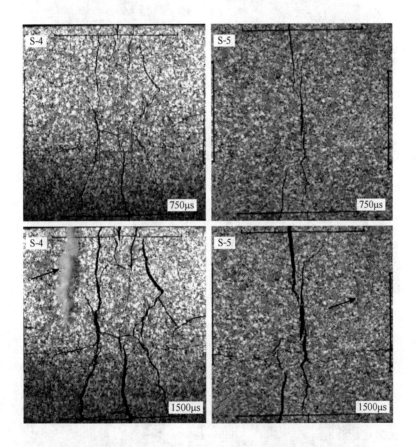

图 3-13　花岗岩试件爆炸作用下裂纹扩展和破碎块体运动

图 3-14 展示了 DIC 分析的表面应变场图，框内虚线表示炮孔位置。S-5 在 50μs 时，表面应变的最大值位于装药水平附近，即雷管正下方。从 100～200μs 的表面应变场图可以看出，最大应变沿着炸药位置发展，形成竖向应变集中条带，体现了柱状药包爆炸的应变演变特征。相比 S-5 试件，S-4 装药量大，沿装药轴线的应变集中幅度大，产生了多条竖向应变集中条带。

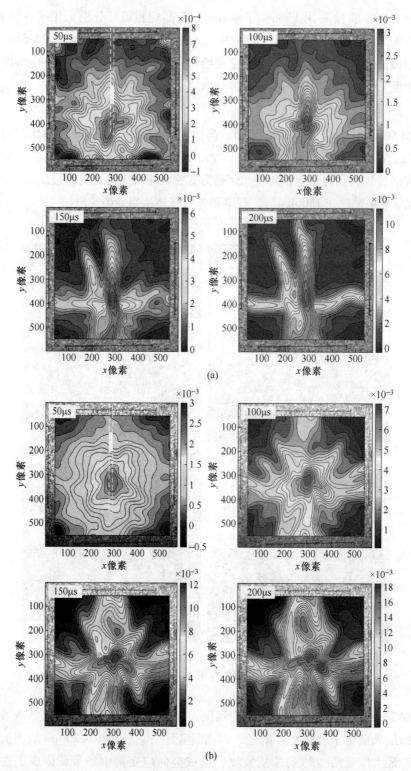

图 3-14　试件表面应变场

(a) S-5（6g 炸药）；(b) S-4（12g 炸药）

练　习

3-1　叙述爆炸加载动态数字图像相关法的定义。

3-2　叙述爆炸加载动态数字图像相关法的相关函数分类及每一类的含义。

3-3　叙述爆炸加载动态数字图像相关法在爆破实验中应用的实验系统及每一部分的作用。

3-4　叙述散斑制作的方法及注意事项。

4 爆炸加载动态光弹性实验方法

4.1 概　述

动态光弹性法是利用光弹性材料的暂时双折射现象，以应力－光学定律为基础，通过偏振光场获得受力模型全场随时间变化的等差线条纹图，得到应力波传播过程和连续的全场信息。动态光弹性法的特点是全场性、连续性和直观性，通过对动态光弹性条纹图像的记录，可将应力波在介质中传播的全过程可视化。

本章首先介绍动态光弹性法的基本原理，然后着重对动态光弹性实验技术进行讲解，主要包括环氧树脂材料的制作方法、光弹性材料动态力学性能测试方法、动态光弹性实验系统介绍和动态光弹性法在爆破实验中的应用。

4.2　动态光弹性实验原理

4.2.1　应力－光学定律

当一束光线进入某些晶体物质时，会分成两束互相垂直振动的线偏振光，这种性质称为双折射性质。两束偏振光在晶体中传播的速度不同，故其折射率也不同。本节用 n_1 和 n_2 表示这两种折射率，通过晶体厚度 d 后，两束光之间出现了光程差，用 δ 表示，其值为：

$$\delta = (n_1 - n_2)d \tag{4-1}$$

除了晶体之外，有些非晶体，例如，聚碳酸酯或环氧树脂等，在无应力状态下具有光学各向同性的性质，即没有双折射性质。但在承受外力后，这类物质的性质像晶体一样，也出现双折射现象，只不过这种双折射现象是暂时的。当应力去除之后，即当内部处于无应力状态时，双折射现象随之消失，这些材料又恢复到原来的光学各向同性状态，故称为暂时双折射或者人工双折射。该现象是光弹性实验的基础。

如图 4-1 所示，当平面偏振光垂直入射受力模型的平面时，只要不超过模型材料的弹性极限，通过模型的光波按模型材料的双折射性质遵循以下两条规律：

（1）光波垂直通过平面受力模型内任一点时，它只沿着这点的两个主应力方向分解并振动，且只在主应力平面内通过。

（2）两束光波在两主应力平面内通过的速度不等，因而其折射率发生了改变，其变化量与主应力大小呈线性关系。

这两条规律是 S. D. Brewster 于 1816 年发现的，被命名为布鲁斯特定律，其表达式为：

$$n_1 - n_0 = A\sigma_1 + B(\sigma_2 + \sigma_3) \left.\right\} \atop n_2 - n_0 = A\sigma_2 + B(\sigma_3 + \sigma_1)$$

$$\left.\begin{array}{l} n_1 - n_0 = A\sigma_1 + B(\sigma_2 + \sigma_3) \\ n_2 - n_0 = A\sigma_2 + B(\sigma_3 + \sigma_1) \end{array}\right\} \tag{4-2}$$

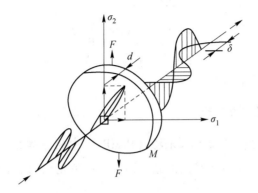

图 4-1 光弹性模型的双折射效应

对于平面受力状态 $\sigma_3 = 0$，则式（4-2）变为：

$$\left.\begin{array}{l} n_1 - n_0 = A\sigma_1 + B\sigma_2 \\ n_2 - n_0 = A\sigma_2 + B\sigma_1 \end{array}\right\} \tag{4-3}$$

式中，A，B 为模型材料的应力光学常数。

式（4-3）中两式相减，得：

$$n_1 - n_2 = C(\sigma_1 - \sigma_2) \tag{4-4}$$

式中，常数 $C = A - B$。

由于两束光波通过模型时沿主应力 σ_1、σ_2 方向的折射率不同，故通过模型厚度 d 后有一定的光程差 δ 出现，其表达式为式（4-1）。

将式（4-4）代入式（4-1），得：

$$\delta = Cd(\sigma_1 - \sigma_2) \tag{4-5}$$

式（4-5）两端分别除以入射波长 λ，得到相对光程差 n 为：

$$n = \frac{\delta}{\lambda} = \frac{Cd}{\lambda}(\sigma_1 - \sigma_2) \tag{4-6}$$

式（4-5）和式（4-6）称为平面光弹性的应力－光学定律，它是光弹性实验的基础。

将式（4-6）改写成另一种形式：

$$\sigma_1 - \sigma_2 = n\frac{f_0}{d} \tag{4-7}$$

其中：

$$f_0 = \frac{\lambda}{C} \tag{4-8}$$

式中，f_0 为材料条纹值，牛/（米·级），它是表征模型材料灵敏度的一个重要指标，f_0 越小，材料越灵敏。

动态光弹性法是在静态光弹性的基础上发展起来的，因此，它们的基本理论有相同之处，都是以应力－光学定律为基础，利用环氧树脂、聚碳酸酯等光弹性材料在荷载作用下产生的暂时双折射现象，并通过偏振光场获得全场的等差线条纹图。当然，二者也是有区别的。对于动态光弹性法，σ_1、σ_2、N 均随时间变化，即都是时间 t 的函数。材料的动态条纹值也与静态的不同，一般要略大于静态值。对平面应力问题，在动荷载和正入射的偏振光场下，动态应力 – 光学定律可以表达为：

$$\sigma_1(t) - \sigma_2(t) = \frac{N(t)}{d} f_{\sigma\mathrm{d}} \qquad (4\text{-}9)$$

式中，$\sigma_1(t)$，$\sigma_2(t)$ 为 t 时刻平面的两个主应力；$N(t)$ 为 t 时刻的条纹级数；$f_{\sigma\mathrm{d}}$ 为材料动态应力条纹值，d 为模型厚度。

4.2.2　偏振光场中的光弹性效应

4.2.2.1　受力模型在平面偏振光场（P_1MP_2）中的光弹性效应

将一个平面受力的模型置于平面偏振光场中（单色光），如图 4-2 所示。

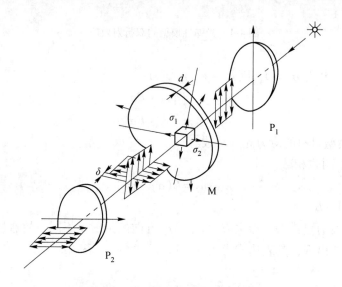

图 4-2　平面偏振光暗场光路布置

入射光矢量 E 将通过 3 个光学器件：偏振片 P_1、光弹性模型 M 和分析片 P_2。其中，P_1 和 P_2 的偏振方向互相垂直。

根据 Jones 向量和 Jones 矩阵算法，光波通过之后的光矢量 E' 为：

$$E' = \begin{bmatrix} A_y[\exp(i\varphi) - 1]\sin\alpha\cos\alpha\exp(i\delta_y) \\ 0 \end{bmatrix} \qquad (4\text{-}10)$$

光波的光强 I 为：

$$I = {E'}^* \cdot E' = A_y^2 \sin^2\frac{\varphi}{2}\sin^2 2\alpha \qquad (4\text{-}11)$$

式中，${E'}^*$ 为 E' 的转置共轭矩阵；A_y 为偏振光的振幅；δ_y 为两束偏振光的光程差。

当光强为零时，模型上呈现黑条纹。根据式（4-11），此时有两种情况：

（1）$\sin\dfrac{\varphi}{2} = 0$ 时，$I = 0$。

当 $\sin m\pi = 0$ 时，$m = 0$，1，2，$\cdots$，满足这个条件。即

$$\varphi = 2m\pi \tag{4-12}$$

另一方面，由式（4-6）知：

$$\delta = n\lambda \tag{4-13}$$

又知 φ 为两束平面偏振光通过模型后产生的相位差，即

$$\varphi = \frac{2\pi}{\lambda}\delta \tag{4-14}$$

由式（4-13）和式（4-14）知：

$$\varphi = 2n\pi \tag{4-15}$$

比较式（4-12）和式（4-15）可知 $m = n$，即相对光程差 $n = 0，1，2\cdots$ 时，模型上呈现黑色，满足光程差等于波长的同一整数倍的各点，将其连成一条黑线就是等差线。$n = 0，1，2\cdots$ 在模型中呈现出一系列黑色条纹依次称为 0 级、1 级、2 级 $\cdots$ 等差线。当 $n = 0.5，1.5，2.5\cdots$ 时，模型上呈现出最亮的一系列条纹，称为半数级条纹。这种在模型中形成明暗相间的黑白条纹称为等差线条纹。

（2） $\sin2\alpha = 0$ 时，$I = 0$。

当 $\alpha = 0°$ 和 $\alpha = 90°$ 时，满足此条件。这说明主应力方向 α 与 P_1、P_2 的偏振方向一致时，模型上也呈现黑色。在受力模型内的各点主应力方向是连续变化的，因此主应力方向相同的点连成了黑线，称为等倾线。

4.2.2.2 受力模型在圆偏振光场（$P_1Q_1MQ_2P_2$）中的光弹性效应

在平面偏振光场（单色光）的基础上，增加两块 1/4 波片 Q_1 和 Q_2，使 Q_1 和 Q_2 的快慢轴互相垂直，Q_1 的快轴与 x 轴成 45°，Q_2 的快轴与 x 轴成 −45°，即各与 P_1、P_2 偏振轴成 45°，入射光矢量 E 通过光学器件的顺序及方向如图 4-3 所示。

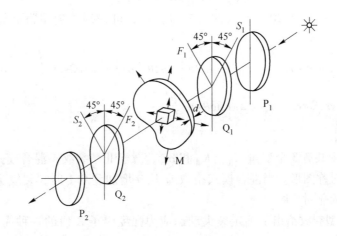

图 4-3 圆偏振光暗场光路布置

根据 Jones 向量和 Jones 矩阵算法，光波通过之后的光矢量 E' 为：

$$E' = \begin{bmatrix} \dfrac{1 - \exp(i\varphi)}{2}\exp(-i2\alpha)A_y\exp(i\delta_y) \\ 0 \end{bmatrix} \tag{4-16}$$

光波的光强 I 为：

$$I = \boldsymbol{E'}^* \cdot \boldsymbol{E'} = A_y^2 \sin^2 \frac{\varphi}{2} \tag{4-17}$$

由式（4-17）知，其中不再包含主应力方向 α 了，只有由模型中两束光波的相位差 φ 引起的等差线条纹，此时等倾线已经被消除。

动态光弹性实验主要研究受力模型在圆偏振光场（$P_1 Q_1 M Q_2 P_2$）中的光弹性效应。

4.2.3　裂纹尖端应力强度因子测量方法

在 20 世纪 50 至 60 年代期间，国外学者进行了大量的研究工作以建立应力分析研究方法，并不断改进实验技术来检验断裂力学准则在许多重要工程技术问题中的实际应用效果。在断裂力学研究领域中，光弹性方法是最适合确定裂纹尖端区域应力强度因子 K 的一种方法。

裂纹尖端荷载的基本形式共有 3 种，即拉伸荷载（Ⅰ型）、面内剪切荷载（Ⅱ型）、离面剪切荷载（混合型）。裂纹尖端承受混合型荷载时，可表示为：

$$\sigma_x = \frac{K_{\mathrm{I}}}{\sqrt{2\pi r}}\cos\frac{\theta}{2}\left(1 - \sin\frac{\theta}{2}\sin\frac{3\theta}{2}\right) - \frac{K_{\mathrm{II}}}{\sqrt{2\pi r}}\sin\frac{\theta}{2}\left(2 + \cos\frac{\theta}{2}\cos\frac{3\theta}{2}\right) + \sigma_{xo} \tag{4-18}$$

$$\sigma_y = \frac{K_{\mathrm{I}}}{\sqrt{2\pi r}}\cos\frac{\theta}{2}\left(1 + \sin\frac{\theta}{2}\sin\frac{3\theta}{2}\right) + \frac{K_{\mathrm{II}}}{\sqrt{2\pi r}}\sin\frac{\theta}{2}\cos\frac{\theta}{2}\cos\frac{3\theta}{2} \tag{4-19}$$

$$\tau_{xy} = \frac{K_{\mathrm{I}}}{\sqrt{2\pi r}}\sin\frac{\theta}{2}\cos\frac{\theta}{2}\cos\frac{3\theta}{2} + \frac{K_{\mathrm{II}}}{\sqrt{2\pi r}}\cos\frac{\theta}{2}\left(1 - \sin\frac{\theta}{2}\sin\frac{3\theta}{2}\right) \tag{4-20}$$

又由于

$$\tau_m^2 = (\sigma_y - \sigma_x)^2/4 + \tau_{xy}^2 \tag{4-21}$$

将式（4-18）~式（4-20）代入式（4-21）中，可得裂纹尖端附近等差条纹图的关系式：

$$8\pi r\tau_m^2/K_{\mathrm{I}} = \sin^2\theta + m^2(4 - \sin^2\theta) + 2m\left[\sin2\theta - \sigma_{xo}\sqrt{2\pi r}\left(2\sin\frac{\theta}{2} + \sin\theta\cos\frac{3\theta}{2}\right)\right] +$$

$$\sigma_{xo}^2 2\pi r - 2\sigma_{xo}\sqrt{2\pi r}\sin\theta\sin\frac{3\theta}{2} \tag{4-22}$$

式中，$m = K_{\mathrm{II}}/K_{\mathrm{I}}$。

式（4-22）中共有 3 个变量 K_{I}、K_{II} 和 σ_{xo}，对于 Ⅱ 型裂纹，混合模式指数 $m^{-1}\to 0$，裂尖条纹图仍为对称图形。当混合模式指数 m 从 0 增加到 0.1 时，裂纹尖端的等差条纹图形即逐步转变为非对称图形。

Irwin 针对 Ⅰ 型裂纹给出了确定裂尖动态应力强度因子 K 值的一种简单的工程方法。如图 4-4 所示，在图中 A_1 和 A_2 点上，$\partial\tau_m/\partial\theta = 0$，根据距离 r_{mj} 和倾角 θ_{mj} 即可确定裂纹尖端的应力强度因子 K_1 和 K_{II} 以及应力场参数 σ_{xo}。对于 A_1、A_2 中的任何一个点而言，满足：

$$\partial\tau/\partial\theta(\theta = \theta_{mj}; r = r_{mj}) = 0 \tag{4-23}$$

由式（4-23）可以得到一个关于 σ_{xo} 的关系式作为混合模式指数 m 的一个函数。对于点 A_1、A_2 而言，即 $j=1$ 和 $j=2$ 时，σ_{xo} 是相同的，因此可以得到一个关于混合模式指数 m

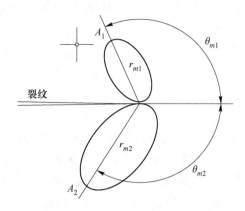

图 4-4　裂纹尖端等差条纹图形示意图

的三元方程，该三元方程的解为：

$$K_{\text{II}} = mK_{\text{I}}, m = H_m(r_{m1}, r_{m2}; \theta_{m1}, \theta_{m2}) \tag{4-24}$$

式中，H_m 为 4 个几何参数的函数。对于 I 型裂纹，函数 H_m 与 θ_m 的关系可用图 4-5 表示。因此，I 型裂纹尖端的应力强度因子 K_1 可以表示为：

$$K_{\text{I}} = (Nf_\sigma/h)\sqrt{2\pi r_m}H(\theta_m) \tag{4-25}$$

对于运动裂纹尖端的动态应力强度因子，式（4-25）可以表示为：

$$K_{\text{I}}^d = (Nf_\sigma/h)\sqrt{2\pi r}H(\theta_m, c) \tag{4-26}$$

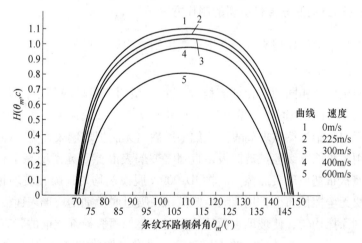

图 4-5　$H(\theta_m, c)$ 与倾角 θ_m 关系图

4.3　光弹性材料制作方法

4.3.1　光弹性材料制作工艺发展现状

光弹性现象早在 1816 年就被发现，然而直到 20 世纪 30 年代才被广泛应用于解决实际工程问题，其主要原因是缺乏合适的光弹性模型材料。很多科研工作者曾经尝试使用酚

醛树脂、丙苯树脂、聚碳酸酯、丙烯树脂和聚酯树脂等材料作为光弹性模型材料，但是实验效果均不够理想。直到 1951 年，出现了以环氧树脂为基的新型光弹性材料。这种材料为各向同性材料，其透明度和光学灵敏度较高，初应力及边缘时间效应小，力学光学特性蠕变小，易于机械加工并且加工应力小，因此成为制作光弹性模型的理想材料。环氧树脂的常见型号有 616 号、618 号、610 号、634 号等，其中 618 号颜色较浅，流动性较好。

为了使环氧树脂由线性结构的高聚物固化成为立体网状结构的高聚物，需要将环氧树脂材料与固化剂进行混合。环氧树脂固化剂主要分为室温固化剂与高温固化剂。目前常用的室温固化剂有二乙烯三胺、三乙烯四胺、固化剂 593 等；常用的高温固化剂有顺丁烯二酸酐、甲基六氢苯酐、DMP-30 等。但是这些配方具有制作工艺复杂、步骤烦琐、环氧树脂与固化剂混合时反应速度过快或过慢等缺点。如环氧树脂与顺丁烯二酸酐固化剂在混合搅拌过程中会产生具有强烈刺激性气味的毒气；环氧树脂与单一的甲基六氢苯酐固化剂混合时反应速度过慢，延长了模型的制作周期；环氧树脂与单一的 DMP-30 固化剂混合时反应速度过快，制作的模型内部会有很大的残余应力，同时内部气泡难以全部排空。这些问题都大大增加了光弹性实验的复杂性和难度，影响了光弹性实验的进行。光弹性模型的制造是光弹性实验的第一个工序，模型质量的好坏直接关系到实验的成败和实验结果的精度。为了克服上述缺点，本节介绍一种浇筑环氧树脂模型的新配方和新方法，简化和改进了光弹性模型的制作工艺，而且制作过程中不会产生有毒气体。

4.3.2　爆破实验环氧树脂光弹性材料的制作方法

本节以环氧树脂平板模型为例，介绍环氧树脂光弹模型材料的制作方法。

4.3.2.1　制作模具

首先选取两块尺寸相同的钢化玻璃板和一个 U 型的有机玻璃隔条，玻璃板和 U 型有机玻璃隔条的尺寸可以根据实验所需模型的尺寸确定。将玻璃板用去离子水清洗干净，再用蘸有酒精的医用脱脂棉擦拭玻璃表面，如果用酒精无法把玻璃表面完全擦拭干净，可用蘸有丙酮的医用脱脂棉继续擦拭玻璃板，直到将玻璃表面擦到光滑明亮平整如镜面为止。然后使用无尘擦拭布把玻璃表面擦干。将 JD-909A 脱模剂均匀地喷在玻璃板的一个表面，再喷少量在一块无尘擦拭布上，用该无尘擦拭布在喷过脱模剂的玻璃表面沿同一方向缓慢擦拭，使脱模剂涂抹均匀，使玻璃表面达到光亮平整如喷脱模剂之前的状态，否则会影响模型表面的平整度。之后把玻璃板放入恒温箱，温度设置为 80℃，将玻璃表面的脱模剂烤干。随后用两块玻璃板夹着有机玻璃隔条，两块玻璃板有脱模剂的一面朝内，无脱模剂的一面朝外，用夹持板把两块玻璃板和有机玻璃隔条固定在一起，如图 4-6 所示。在 U 型有机玻璃隔条的外侧（即图 4-6 所示模具的左侧、右侧和下侧）涂上 704 密封胶，使有机玻璃隔条和两块玻璃板紧密地粘在一起。704 密封胶完全凝固之后，把夹持板去掉即可得到制作完成的模具。本书介绍的二维平板模型采用有机玻璃隔条、玻璃板等常见材料制作模具即可。如果制作的模型结构复杂，如三维的模型等，可以根据实验需要使用硅橡胶、石蜡、石膏等材料制作各种形状的模具。

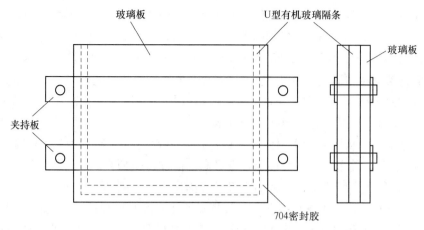

图 4-6　夹持板固定后的模具

4.3.2.2　配制混合液并浇筑模型

制作环氧树脂模型所需原料为 618 号环氧树脂、甲基六氢苯酐、促进剂 DMP-30、环氧树脂消泡剂，配制混合液时上述 4 种原料的重量比为 250∶205∶3∶1，可根据制作模型的尺寸按比例确定每种原料的用量。其中，甲基六氢苯酐是固化剂，如果用量过少，会影响混合液的固化进程；如果用量过多，会影响模型的光学性质。光弹性实验是利用环氧树脂具有的双折射现象反映模型中的应力分布情况，然后对应力场进行分析从而得出实验结论。若混合液中其他物质比例过大，环氧树脂比例较小，必然会影响模型的双折射效应。同理，混合液中消泡剂的比例也只需达到能够避免产生大量气泡的效果即可，不需要用量过多。DMP-30 是促进剂，它本质上是一种强烈的固化剂。只是 DMP-30 的固化反应过程过于剧烈，在制作光弹材料时不宜单独作为固化剂使用。此配比中加入少量作为促进剂，起到适度加快固化过程的作用。如果 DMP-30 用量过多，配制的混合液中会产生大量沉淀物；如果用量过少，混合液固化需要的时间会很长，大大延长了模型的制作周期，影响后期的实验进度。

首先，用电子天平称量适量的环氧树脂。由于环氧树脂在常温下流动性很差，所以称量好的环氧树脂中充满气泡，需要将里面的气泡排出才可进行下一步实验。去除气泡的方法是将环氧树脂放入恒温箱加热，加热温度为 80℃，加热时间为 2h。随着温度的升高，环氧树脂的流动性会逐渐增大，环氧树脂中的气泡会自然逸出。再用电子天平称量适量的甲基六氢苯酐、DMP-30、消泡剂，把甲基六氢苯酐和消泡剂倒入环氧树脂中，把 3 种原料组成的混合液放入水浴恒温搅拌器中进行搅拌，搅拌时间为 0.5h，水浴温度为 80℃。混合液搅拌的时间不宜过长，否则在搅拌过程中混合液可能已经开始固化。在搅拌过程中，用胶头滴管把称量好的 DMP-30 缓慢逐滴滴入混合液中。由于 DMP-30 与环氧树脂的反应过于迅速、剧烈，在把 DMP-30 全部倒入混合液的瞬间，DMP-30 还未与环氧树脂充分混合，就已经开始发生反应，从而形成大量固体沉淀物，导致混合液无法使用。因此不能把称量好的 DMP-30 直接倒入混合液中，必须逐滴缓慢滴入。混合液搅拌完毕后，取一个玻璃漏斗，在漏洞中垫一层医用纱布，漏斗下端接一根橡胶软管。橡胶软管的另一端伸到模具底部，如图 4-7 所示。橡胶软管的下端一定要伸到模具底部，这样可以避免在浇筑过程中由于混合液飞溅产生气泡。把搅拌好的混合液缓慢倒入漏斗，混合液经漏斗和橡胶软管缓慢流入模具。

浇筑完毕后，把模具放入恒温箱加热，使混合液固化，固化过程的温度设置如下：80℃恒温 2h，85℃恒温 0.5h，90℃恒温 0.5h，95℃恒温 0.5h，100℃恒温 2h，95℃恒温 1h，90℃恒温 1h，85℃恒温 1h，80℃恒温 1h，70℃恒温 1h，具体过程如图 4-8 所示。在 80℃时，混合液已达到固化反应温度，开始逐渐固化，只是在此温度下反应过程非常缓慢。100℃是混合液的最佳反应温度，固化过程较快。但如果固化时将温度直接设置为 100℃，混合液温度从搅拌时的 80℃迅速升高到 100℃，骤然的温度变化会使模型内部留下较大的残余应力，从而影响实验效果。因此固化过程的温度设置为从 80℃起按照一定梯度升高到 100℃，使混合液温度能够逐渐升高。同理，模型在 100℃条件下完全固化后，再把温度从 100℃逐渐降低，由于此时模型已经固化成型，固体在温度骤然变化的条件下极易产生细微变形，因此温度的变化梯度设置需要比升温时更缓慢，避免在降温过程中模型中产生内部应力或细微变形。加热过程结束后，把模具从恒温箱中取出，拆下模具即可得到成型的环氧树脂模型。

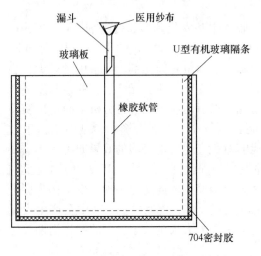

图 4-7　浇筑过程示意图

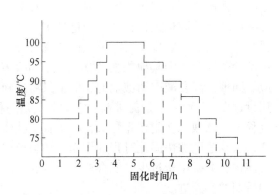

图 4-8　固化过程温度图

4.3.2.3　退火

取一块略大于环氧树脂板模型的玻璃板，依次用去离子水和蘸有酒精的医用脱脂棉把玻璃表面清洗擦拭干净，再用无尘擦拭布把玻璃板擦干。用刷子在玻璃板表面均匀刷一层硅油，把环氧树脂模型平放在玻璃板上，此时模型和玻璃板之间会形成一层薄薄的油膜，然后将其放入恒温箱进行退火。退火过程的温度设置如下：70℃恒温 1h，90℃恒温 1h，110℃恒温 1h，130℃恒温 1h，150℃恒温 10h，然后每小时降温 2℃，直到温度降到 30℃为止，具体过程如图 4-9 所示。若退火开始时直接将温度设置为 150℃，模型由于温度骤然升高，可能会产生轻微变形，因此需要将温度按一定梯度升高到 150℃。模型在各个表面都不受约束的条件下，在 150℃时逐渐变软却不变形。模型在该温度下经过足够长的时间，可以使模型将固化时残留在内部的应力逐渐释放出来。然后以十分缓慢的速度让模型渐渐冷却，使模型在冷却过程中内部不再产生超过误差允许范围的内部应力。制得的模型如图 4-10 所示。

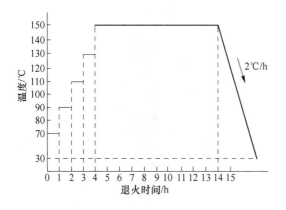

图 4-9   退火过程温度图   图 4-10   退火后的模型照片

4.3.3   光弹性材料参数测试

在动态光弹性实验中，应力、应变的计算以及主应力的分离都需要用到光弹性材料的动态性能参数。所以，对光弹性材料动态性能参数的测定是动态光弹性研究中不可或缺的重要组成部分。下面利用电测法和动态光弹性法，测定了按照 4.3.2 节介绍的配方和方法制作的光弹性材料在动态荷载作用下的力学性能参数。

测定参数使用的实验设备有动态光弹性实验系统（见图 4-11）和超动态应变仪（见图 4-12）。将制作好的模型切割成立杆形状，立杆的高度×宽度×厚度为 280mm×40mm×10mm，试件如图 4-13 所示。落锤的质量为 1.4427kg，下落高度为 295mm。

图 4-11   动态光弹性实验系统

4.3.3.1   测量材料密度 ρ

用电子天平称出试件质量 $m = 140.62\text{g}$，即可根据公式 $\rho = \dfrac{m}{V}$ 得出试件的密度。测得试件密度 $\rho = 1255\text{kg/m}^3$。

图 4-12 超动态应变仪

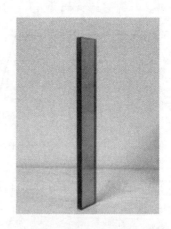

图 4-13 立杆试件实物

4.3.3.2 测量波速 C

将应变片按图 4-14 所示位置贴在立杆试件上。为了减小因偏心冲击引起的误差，试件两侧沿轴线方向上下各贴两个电阻应变片（应变片编号为 R1、R2 和 R3、R4）。将应变片用屏蔽线接到超动态应变仪的输入端，将应变仪的输出端和采集仪的输入端相连。当试件上端受冲击时，就可以用超动态应变仪记录应变片两端电压随时间的变化曲线（见图 4-15）。从 R1、R2 两条电压－时间曲线上定出两点发生应变的时间差 Δt_1，从 R3、R4 两条电压－时间曲线上定出两点发生应变的时间差 Δt_2，取二者的平均值 Δt，应变片 R1、R2 的距离与 R3、R4 的距离均为 Δs，即可由：

$$C = \frac{\Delta s}{\Delta t} \tag{4-27}$$

计算出波速 C。文中测得 $\Delta t_1 = 32\mu s$，$\Delta t_2 = 32\mu s$，$\Delta s = 6cm$，得波速 $C = 1875 m/s$。

4.3.3.3 测量动态弹性模量 E_d

根据杆中传播的一维应力波理论可知：

$$C = \sqrt{\frac{E_d}{\rho}} \tag{4-28}$$

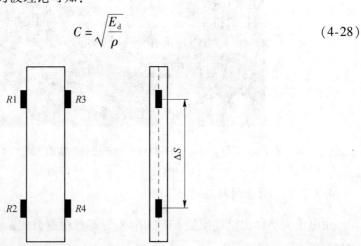

图 4-14 应变片贴片位置

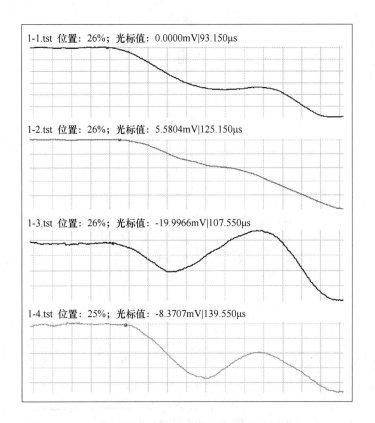

图 4-15　各测点电压随时间变化曲线

由式（4-28）可知：

$$E_d = \rho C^2 \tag{4-29}$$

根据以上测得的波速 C 和材料密度 ρ，由式（4-29）可以算出 $E_d = 4412\text{MPa}$。

4.3.3.4　测量动态泊松比 ν

在立杆试件侧面的 A 点沿纵、横向各贴一个应变片，如图 4-16 所示。当试件上端受冲击荷载时，可以得到 A 点的纵向线应变 ε_{AL} 和横向线应变 ε_{AT} 关于时间的变化曲线，如图 4-17 所示。可由

$$\nu = \frac{|\varepsilon_{AT}|}{|\varepsilon_{AL}|} \tag{4-30}$$

得到材料的动态泊松比 $\nu = 0.34$。

4.3.3.5　测量动态材料条纹值 $f_{\sigma d}$

由应力 - 光学定律：

$$\sigma_1 - \sigma_2 = \frac{N(t)}{d} f_{\sigma d} \tag{4-31}$$

在一维杆件承受冲击荷载作用下，$\sigma_1 = 0$，$\sigma_2 = -\sigma$，并且根据一维弹性理论有 $\sigma(t) =$

图4-16　测量动态泊松比 ν 应变片贴片位置

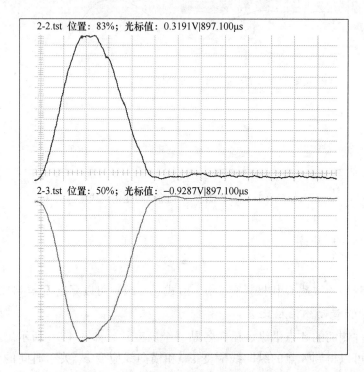

2-2.tst 位置：83%；光标值：0.3191V|897.100μs

2-3.tst 位置：50%；光标值：−0.9287V|897.100μs

图4-17　立杆各测点电压与时间关系曲线

$E_{\mathrm{d}}\varepsilon(t)$，则有：

$$\frac{N(t)}{d}f_{\sigma\mathrm{d}} = E_{\mathrm{d}}\varepsilon(t) \tag{4-32}$$

整理得：

$$f_{\sigma\mathrm{d}} = \frac{E_{\mathrm{d}}\varepsilon(t)d}{N(t)} \tag{4-33}$$

那么，为了测定 $f_{\sigma\mathrm{d}}$，只需在某一点同时测出纵向应变 $\varepsilon(t)$ 和条纹级数 $N(t)$ 即可。本书中测量 R1 处截面的纵向应变 $\varepsilon(t)$ 和条纹级数 $N(t)$，经过计算得到光弹性材料的动态应力条纹值 $f_{\sigma\mathrm{d}} = 1.66 \times 10^{4}\,\mathrm{N/(m \cdot fringe)}$。

表4-1为光弹模型动态力学参数。

表4-1 光弹模型动态力学参数

$\rho/\mathrm{kg \cdot m^{-3}}$	$C/\mathrm{m \cdot s^{-1}}$	$E_\mathrm{d}/\mathrm{MPa}$	ν	$f_{\sigma\mathrm{d}}/\mathrm{N \cdot (m \cdot fringe)^{-1}}$
1255	1875	4412	0.34	1.66×10^4

4.4 爆炸加载动态光弹性实验系统

4.4.1 光路系统简介

图4-18为数字激光爆炸加载动态光弹性实验系统的示意图，系统采用平行光透射式光路，由激光光源、扩束镜、场镜（凸透镜）、光弹仪（由偏振片和1/4波片构成）、图像采集系统、爆炸加载系统组成。其中，光弹仪1中的偏振片为起偏镜，光弹仪2中的偏振片为检偏镜（分析镜）。该系统具有操作简便、安全可靠、可以实时查看实验效果和实验周期短等优点。

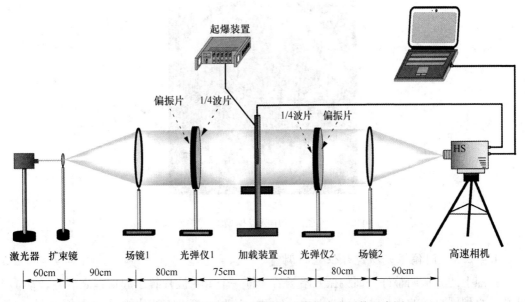

图4-18 数字激光爆炸加载动态光弹性实验系统示意图

4.4.2 光路调试方法

4.4.2.1 准直光束

先暂时移开光路中的扩束镜、凸透镜、起偏镜、1/4波片、检偏镜（分析镜），打开激光，逐渐增大激光强度，通过调节激光器支架使激光器射出的光线保持水平。然后依次将两个凸透镜、起偏镜、检偏镜放入光路中，校验各个镜片的高度、方向及位置，保证整个光路在一条直线上，激光刚好穿过每个镜片的中心且与各个镜面垂直。激光也与实验时试件所在的平面垂直。再将扩束镜放入光路中，扩束镜位于场镜1的焦点处，激光穿过扩束镜后变为发散光，均匀照射在场镜1上。

4.4.2.2　平面偏振光场镜片位置的调整

准直光束后，调节起偏镜和检偏镜的位置即可得到平面偏振光暗场。平面偏振光暗场下起偏镜和检偏镜的位置关系是两者的偏振轴互相垂直，并且其中一个在水平位置，另一个在竖直位置。调整起偏镜和检偏镜的位置需要用一个不透光的屏幕和一个等倾线位置已知的受力模型。本书采用直径为5cm、厚度为8mm的自制环氧树脂圆盘模型，屏幕尺寸为40cm×40cm。先将不透光的屏幕放在检偏镜和凸透镜（场镜2）之间，转动其中一个偏振片（起偏镜或检偏镜均可），直到屏幕上的光场达到最暗为止，此时起偏镜、检偏镜的偏振轴相互正交。然后将圆盘试件放在试件固定架上，对其施加竖直方向的径向荷载，沿顺时针或逆时针方向以相同速度同步转动起偏镜和检偏镜，直到屏幕上出现的等倾线呈正"十"字形交叉的0°等倾线为止，如图4-19所示。这表明两块偏振片的偏振轴不仅相互垂直而且一个在水平位置，另一个在竖直位置。一般起偏镜偏振轴在竖直位置。此时，固定两偏振片的轴圈上指示的刻度应是0°或90°，否则，应调整固定偏振片的轴圈重新标注初始刻度。在平面偏振光暗场中，将检偏镜向任一方向转动90°，即可得到平面偏振光明场。

图4-19　径向受压圆盘模型的0°等倾线

4.4.2.3　圆偏振光场镜片位置的调整

按照上述方法调整好平面偏振光暗场后，将一个1/4波片置于起偏镜之后并转动1/4波片，直到屏幕上的光场达到最暗时停止转动。这时，该1/4波片的快、慢轴分别与起偏镜、检偏镜的偏振轴相平行。然后将该1/4波片向顺时针或逆时针方向转动45°。再将另一块1/4波片置于检偏镜之前并转动其角度，至屏幕上的光场达到最暗时停止。这样，4块镜片就构成了圆偏振光暗场。此时光路中各镜片的位置关系为两块偏振片的偏振轴相互正交，一个在水平方向，另一个在竖直方向；两块1/4波片对应的快、慢轴互相垂直并与两偏振片的偏振轴夹角均为45°。这时在固定各镜片的轴圈上也应指示出正确的初始刻度。在圆偏振光暗场中，将检偏镜向任一方向转动90°，即可得到圆偏振光明场。

调整完毕的光路系统应保证凸透镜和光弹仪的光具座基面以及试件固定架的台面均处于水平位置；光源、镜片及透镜的中心应在同一条水平线的光路中；加载装置对光弹模型施加的荷载必须准确地在光路的横向平面内；整个光路中所有仪器应固定得稳定可靠。

4.4.3　光弹仪的维护方法

光弹仪的光学元件要注意防潮、防尘、防过热或过冷、防腐蚀性气体侵蚀。因此光弹仪应安装在防尘良好、通风的实验室内。实验室的适宜室温为 5 ~ 30℃，适宜相对湿度应不大于70%。若镜片长期不用，应保存在放有吸潮剂（如氯化钙、硅胶等）的干燥器内。偏振片、1/4 波片、凸透镜（其表面镀有一层增透膜）的镜面不能用手摸或随意擦拭，若有灰尘应用镜头刷轻轻拂去。偏振片和凸透镜镜片上的污物应用脱脂棉或擦镜纸蘸少许苯或二甲苯轻轻擦拭。大的 1/4 波片常用有机玻璃制成，能溶于多种有机溶剂，因此镜片上的污物只能用脱脂棉蘸少许汽油擦拭。

4.5　爆炸加载动态光弹性实验案例

4.5.1　实验试件

相邻炮孔延迟起爆后，先爆炮孔产生的爆生运动裂纹会受到后爆炮孔产生的爆炸应力波的作用。本实验研究分析爆炸应力波与爆生运动裂纹相向运动时裂纹－波的相互作用机理。

采用本书4.3节介绍的方法制作环氧树脂试件。试件尺寸为 400mm×400mm，厚度为6mm，如图 4-20(a) 所示。炮孔直径8mm，两炮孔位于试件中心位置，炮孔间距120mm。实验光路采用圆偏振光暗场。图像采集使用 Kirana-5 超高速相机，相机拍摄频率为600000f/s。共设计 2 组实验，实验 1 为对照组，炮孔 B 单独起爆，记为试件 S-1。试件 S-1 炮孔 B 放置切缝药包用于产生定向裂纹，切缝管外径 8mm，内径 6mm，壁厚 1mm，其结构如图 4-20 （b） 所示。实验 2 炮孔 A 先起爆，炮孔 B 后起爆，两炮孔的延迟时间间隔为50μs，记为试件 S-2。试件 S-2 炮孔 A 放置切缝药包用于产生定向裂纹，切缝管外径8mm，内径6mm，壁厚1mm，其结构如图 4-20(b) 所示。炮孔 B 放置50mg 叠氮化铅。

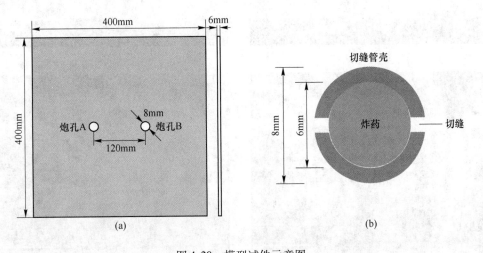

图 4-20　模型试件示意图
（a）模型试件；（b）炮孔中的切缝药包

4.5.2　实验结果分析

4.5.2.1　实验1——单炮孔定向裂纹传播分析

图4-21给出了单孔爆破下运动裂纹尖端等差条纹的演化。炸药爆炸后，爆炸应力波首先向外传播，由于切缝药包作用在切缝处产生微裂纹，随后在爆生气体作用下，裂纹沿切缝方向持续传播。在单个裂纹的扩展过程中，裂纹尖端形成蝴蝶状等差条纹，这表明运

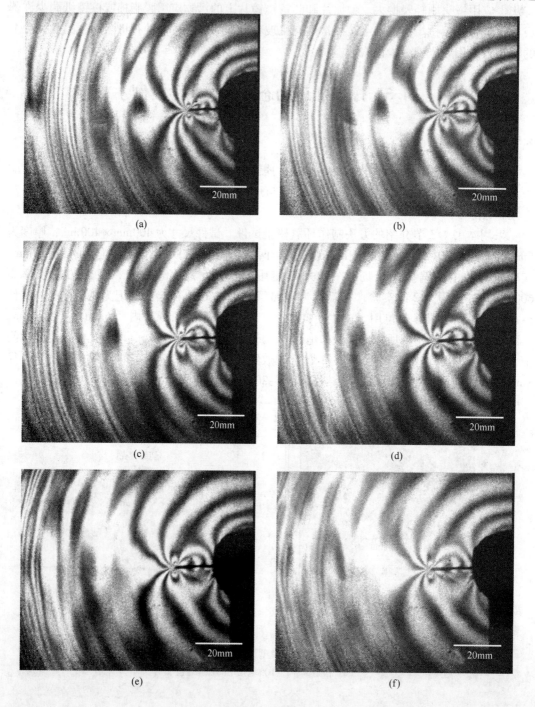

(a)　　　　　　　　　　　　　　　　(b)

(c)　　　　　　　　　　　　　　　　(d)

(e)　　　　　　　　　　　　　　　　(f)

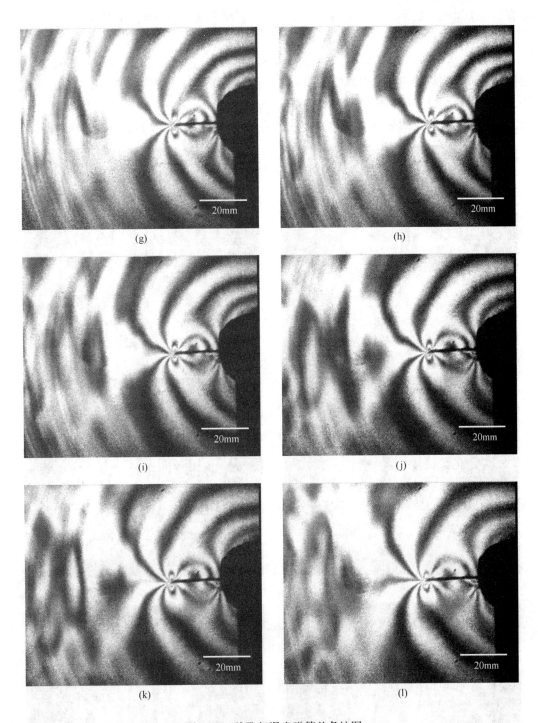

图 4-21 单孔起爆光弹等差条纹图
(a) 76.67μs; (b) 80.00μs; (c) 83.33μs; (d) 86.67μs;
(e) 90.00μs; (f) 91.67μs; (g) 93.33μs; (h) 95.00μs;
(i) 96.67μs; (j) 101.67μs; (k) 105.00μs; (l) 108.33μs

动裂纹以Ⅰ型裂纹的形式向外扩展，裂纹主要受裂纹尖端周围奇异应力场控制。

4.5.2.2　实验2——爆炸应力波与裂纹作用分析

图4-22给出了左侧先爆炮孔产生的爆生运动裂纹与右侧后爆炮孔产生的爆炸应力波的作用过程。当后爆炮孔的爆炸应力波未与运动裂纹作用时，裂纹扩展现象和单孔爆破类似，裂纹沿着切缝方向扩展，在裂纹尖端呈现蝴蝶状等差条纹，如图4-22（a）所示，这是Ⅰ型张拉裂纹，说明裂纹面受到拉伸应力作用。当膨胀压缩波接近裂纹尖端时，如图

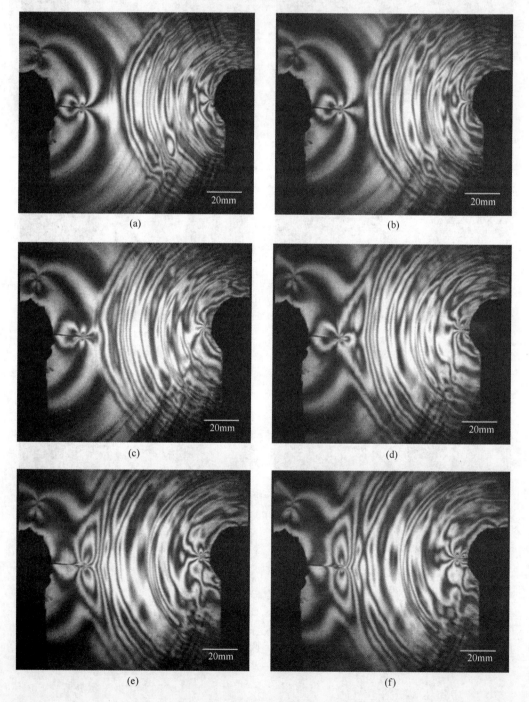

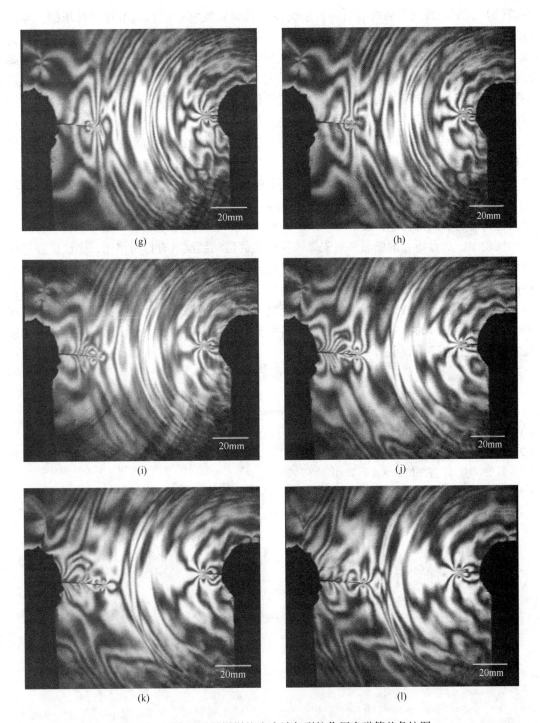

图 4-22 双孔延时起爆爆炸应力波与裂纹作用光弹等差条纹图
(a) 76.67μs; (b) 80.00μs; (c) 83.33μs; (d) 86.67μs;
(e) 90.00μs; (f) 91.67μs; (g) 93.33μs; (h) 95.00μs;
(i) 96.67μs; (j) 101.67μs; (k) 105.00μs; (l) 108.33μs

4-22（b）所示，裂纹尖端周围的等差条纹在入射膨胀波脉冲的影响下逐渐被压缩，导致膨胀波脉冲在 83.33μs 时形成鞍形等差条纹。随后，膨胀波在 86.67μs 时与裂纹尖端应力场叠加，使裂纹尖端的蝴蝶状等差条纹完全被破坏并向裂纹前端倾斜。此外，由于入射膨胀波的作用，裂纹尖端等差条纹级数也在增大，这是应力波在裂纹尖端衍射的结果。此后不久，等差条纹由向裂纹前端倾斜改为向裂纹后方倾斜，这表明裂纹尖端环向应力由压缩状态向拉伸状态转变，并在裂纹尖端处产生了明显的向后等差条纹，如图 4-22（f）～（i）所示。因此，当膨胀波尾部到达运动裂纹时，裂纹尖端处的拉应力集中再次增加，裂纹扩展速度也将随即增大。

当 $t = 101.67μs$ 时剪切波开始与动态裂纹相互作用，裂纹尖端周围的等差条纹级数增大，如图 4-22（j）～（l）。这表明裂纹尖端环向拉应力增大，裂纹尖端应力强度因子将会增大进而促进裂纹的持续扩展。

实验中，后爆炮孔的膨胀波对先爆炮孔产生的运动裂纹具有抑制作用，裂纹扩展速度降低，这种抑制作用约持续 10μs。爆炸剪切波促进了裂纹的扩展，其促进时间持续约 20μs。应力波对相向传播的裂纹的影响非常深远，炮孔之间合理的延迟时间是爆破破岩的重要参数。在实际的工程爆破中，为了充分利用爆破能量使爆生裂纹长度增大进而实现增大炮孔间距的目的，应充分利用剪切波对相向运动裂纹传播的积极作用，同时尽可能避免膨胀波对相向运动裂纹的不利影响。

练　习

4-1　叙述爆炸加载动态光弹性实验可选用的试件材料有哪些，各自的优缺点是什么。

4-2　叙述光弹性材料暂时双折射特性的含义。

4-3　叙述等倾线、等差线的含义，如何消除等倾线。

4-4　叙述如何通过光弹条纹确定裂尖应力强度因子。

5 爆炸加载动态焦散线实验方法

5.1 概　述

动态焦散线实验方法是用于测算裂纹尖端应力强度因子以及研究材料动态断裂问题的一种光测力学实验方法。这一方法利用纯几何光学的映射关系，将裂纹尖端奇异区域的复杂变形问题转化为非常简单且清晰明确的焦散斑图像，只需测出焦散斑的特征长度，即可求得裂纹尖端应力强度因子。因此，该方法已成为研究裂纹尖端应力奇异场问题的重要手段。

在爆破实验中，焦散线方法的优势更为明显。裂纹尖端的焦散斑不易受炮烟影响，占用像素场小，且实验结果对像素要求不高。这些特点有利于高速相机采用较小的像素场，匹配较高的拍摄速度，捕捉更加详细的爆炸裂纹扩展过程。

5.2　动态焦散线实验原理

5.2.1　动态焦散线映射方程

动态焦散线实验利用光学几何特性，能够将裂纹尖端奇异场转化为清晰可测量的焦散斑，进而测得裂纹扩展速度和动态应力强度因子。图 5-1 为平行光透射式焦散线原理示意图。

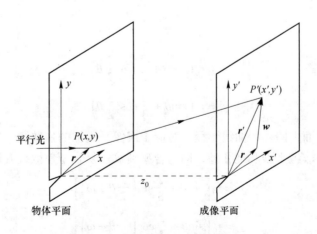

图 5-1　平行光透射式焦散线原理

由图 5-1 可知，光线在裂纹尖端区域 $P(x, y)$ 发生偏转后入射到成像平面 $P'(x', y')$，物体平面与成像平面之间的映射关系为：

$$r' = r + w \tag{5-1}$$

$$w = -z_0 \mathrm{grad}\Delta s(x,y) \tag{5-2}$$

式中，z_0 为成像平面至物体平面的距离。

由于裂纹尖端存在奇异场，使材料的厚度、折射率和密度均发生急剧变化，透射的光线产生相应的光程差 Δs。对于各向同性材料，Δs 可表示为裂纹尖端主应力之和的函数：

$$\Delta s(x,y) = cd_{\mathrm{eff}}(\sigma_1 + \sigma_2) \tag{5-3}$$

式中，c 为应力光学常数；d_{eff} 为试件有效厚度。

根据线弹性断裂力学理论，各向同性材料平面 Ⅰ 型、Ⅱ 型裂纹尖端应力场分布为：

$$\left.\begin{aligned}
\sigma_{xx} &= \frac{K_{\mathrm{I}}}{\sqrt{2\pi r}}\cos\left(\frac{\theta}{2}\right)\left[1 - \sin\left(\frac{\theta}{2}\right)\sin\left(\frac{3\theta}{2}\right)\right] \\
\sigma_{yy} &= \frac{K_{\mathrm{I}}}{\sqrt{2\pi r}}\cos\left(\frac{\theta}{2}\right)\left[1 + \sin\left(\frac{\theta}{2}\right)\sin\left(\frac{3\theta}{2}\right)\right] \\
\tau_{xy} &= \frac{K_{\mathrm{I}}}{\sqrt{2\pi r}}\cos\left(\frac{\theta}{2}\right)\sin\left(\frac{\theta}{2}\right)\cos\left(\frac{3\theta}{2}\right)
\end{aligned}\right\} \text{Ⅰ型} \tag{5-4}$$

$$\left.\begin{aligned}
\sigma_{xx} &= -\frac{K_{\mathrm{II}}}{\sqrt{2\pi r}}\sin\left(\frac{\theta}{2}\right)\left[2 + \cos\left(\frac{\theta}{2}\right)\cos\left(\frac{3\theta}{2}\right)\right] \\
\sigma_{yy} &= \frac{K_{\mathrm{II}}}{\sqrt{2\pi r}}\sin\left(\frac{\theta}{2}\right)\cos\left(\frac{\theta}{2}\right)\cos\left(\frac{3\theta}{2}\right) \\
\tau_{xy} &= \frac{K_{\mathrm{II}}}{\sqrt{2\pi r}}\cos\left(\frac{\theta}{2}\right)\left[1 - \sin\left(\frac{\theta}{2}\right)\sin\left(\frac{3\theta}{2}\right)\right]
\end{aligned}\right\} \text{Ⅱ型} \tag{5-5}$$

结合应力不变定律 $\sigma_1 + \sigma_2 = \sigma_{xx} + \sigma_{yy}$，并将式（5-4）、式（5-5）分别代入式（5-1）~式（5-3），可得 Ⅰ、Ⅱ 型裂纹焦散线方程为：

$$\left.\begin{aligned}
x' &= r_0\left(\cos\theta + \frac{2}{3}\cos\frac{3}{2}\theta\right) \\
y' &= r_0\left(\sin\theta + \frac{2}{3}\sin\frac{3}{2}\theta\right)
\end{aligned}\right\} \text{Ⅰ型} \tag{5-6}$$

$$\left.\begin{aligned}
x' &= r_0\left(\cos\theta + \frac{2}{3}\sin\frac{3}{2}\theta\right) \\
y' &= r_0\left(\sin\theta + \frac{2}{3}\cos\frac{3}{2}\theta\right)
\end{aligned}\right\} \text{Ⅱ型} \tag{5-7}$$

式中，r_0 为物体平面上的初始曲线半径，对应于成像平面上的焦散线。

实际的裂纹并非纯 Ⅰ 型和纯 Ⅱ 型，即复合型裂纹。复合型焦散线方程为：

$$\left.\begin{aligned}
x' &= r_0\left[\cos\theta + \frac{2}{3}\sin\left(\frac{3}{2}\theta + \omega\right)\right] \\
y' &= r_0\left[\sin\theta + \frac{2}{3}\cos\left(\frac{3}{2}\theta + \omega\right)\right]
\end{aligned}\right\} \text{复合型} \tag{5-8}$$

式中，ω 为加载方向与裂纹扩展方向的夹角。

平面试件在爆炸荷载下，爆生裂纹主要为张开型（Ⅰ 型）和复合型（Ⅰ+Ⅱ 型），其焦散线示意图如图 5-2 所示。

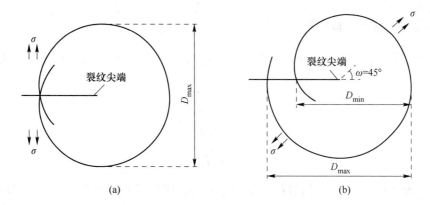

图 5-2 焦散线示意图
（a）张开型；（b）复合型

5.2.2 裂纹扩展速度和加速度

利用高速摄影拍摄的焦散斑可以精确测定裂纹尖端位置。因此，可以确定每一时刻的裂纹扩展长度。为了获得裂纹扩展速度、裂纹扩展加速度等断裂参数精确值，可用多项式拟合出裂纹长度随时间的函数。下面是关于时间的九阶多项式：

$$l(t) = \sum_{i=0}^{9} l_i t^i \tag{5-9}$$

式中，系数 l_i 利用最小二乘法原理求出，由此裂纹扩展的速度 v 和加速度 a 可由拟合曲线 $l(t)$ 的一次和二次时间导数分别得到：

$$v = \dot{l}(t) \tag{5-10}$$

$$a = \ddot{l}(t) \tag{5-11}$$

在扩展裂纹为弯曲的状况下，可通过高速摄影拍摄的焦散斑测量初始裂纹纵向和横向的裂纹长度 l_x 和 l_y。l_x 和 l_y 曲线通过九阶多项式拟合得到：

$$l_x(t) = \sum_{i=0}^{9} l_{x_i} t^i \tag{5-12}$$

$$l_y(t) = \sum_{i=0}^{9} l_{y_i} t^i \tag{5-13}$$

对多项式 l_x 和 l_y 关于时间 t 求导，可得到裂纹扩展速度和加速度在 x 和 y 方向的分量 v_x、v_y 和 a_x、a_y：

$$\left.\begin{array}{l} v_x = \dot{l}_x(t) \\ v_y = \dot{l}_y(t) \end{array}\right\} \tag{5-14}$$

$$\left.\begin{array}{l} a_x = \ddot{l}_x(t) \\ a_y = \ddot{l}_y(t) \end{array}\right\} \tag{5-15}$$

最终裂纹扩展方向上的速度和加速度由下面关系式给出：

$$v = \sqrt{v_x^2 + v_y^2} \tag{5-16}$$

$$a = \sqrt{a_x^2 + a_y^2} \tag{5-17}$$

5.2.3　裂纹尖端应力强度因子

通过测量每一时刻焦散斑（线）的直径 D_{max} 和 D_{min}（见图5-2），可得裂纹尖端动态应力强度因子：

$$K_{\mathrm{I}}^{d} = \frac{2\sqrt{2\pi}F(v)}{3g^{5/2}z_0 cd_{\mathrm{eff}}}D_{max}^{5/2} \tag{5-18}$$

$$K_{\mathrm{II}}^{d} = \mu K_{\mathrm{I}}^{d} \tag{5-19}$$

式中，K_{I}^{d}，K_{II}^{d} 分别为 I、II 型裂纹尖端动态应力强度因子；μ 为 I、II 型动态应力强度因子之比，可通过 $(D_{max}-D_{min})/D_{max}\sim\mu$ 曲线得出，如图5-3所示；$F(v)$ 为速度修正函数，可近似视为1；v 为裂纹扩展速度；g 为数值因子，可通过 $g\sim\mu$ 曲线得出，如图5-4所示。

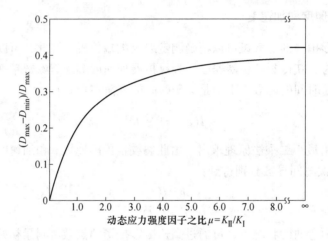

图5-3　$(D_{max}-D_{min})/D_{max}\sim\mu$ 曲线

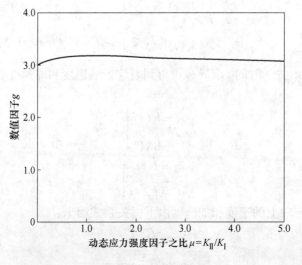

图5-4　$g\sim\mu$ 曲线

5.2.4　裂纹动态能量释放率

动态能量释放率并不是指能量随着时间的变化率，而是指势能随着裂纹面积的变化率。Irwin 定义了能量释放率 G，作为裂纹扩展过程中的能量量度，平面应力状态下能量释放率由式（5-20）确定：

$$G = \frac{1}{E}\left[A_{\text{I}}(v)K_{\text{I}}^2 + A_{\text{II}}(v)K_{\text{II}}^2 \right] \tag{5-20}$$

其中，

$$A_{\text{I}} = \frac{v^2 \alpha_d}{(1-v)c_2^2 D}, \ A_{\text{II}} = \frac{v^2 \alpha_s}{(1-v)c_2^2 D} \tag{5-21}$$

其中，

$$D = 4\alpha_d \alpha_s - (1+\alpha_s^2)^2, \alpha_d = 1 - (v/c_1)^2, \alpha_s = 1 - (v/c_2)^2$$

式中，c_1，c_2 分别为膨胀波波速和剪切波波速，v 表示裂纹扩展速度。

5.3　爆炸加载动态焦散线实验系统

5.3.1　实验系统

清华大学、北京大学固体力学教研室建立了动态焦散实验系统，并在材料动态断裂方面进行了大量的实验研究。在此基础上，中国矿业大学（北京）动态光测力学实验室建立了数字激光爆炸加载动态焦散线实验系统，如图 5-5 所示，主要包括：激光光源、扩束镜、场镜（凸透镜），炸药起爆装置，高速相机，数据采集计算机。

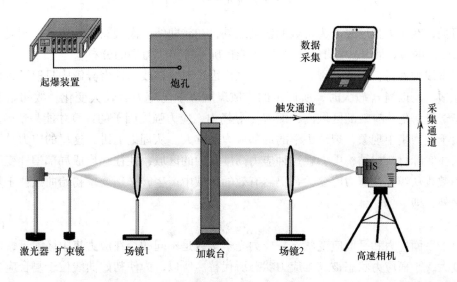

图 5-5　爆炸加载动态焦散线实验系统

光源采用绿色激光，波长为 532nm，激光器功率在 0～200mW 之间可调。扩束镜将激光斑点发散，扩大光场。两个凸透镜作为场镜，直径为 30cm，焦距为 90cm。场镜 1 将发散光场调整为平行光场，场镜 2 将平行光场汇聚到相机镜头处。炸药起爆采用中科院力学研究所研制的 MD-2000 多通道脉冲点火器。高速相机采用 Photron 公司的 Fastcam-SA5-16G 相机，拍摄速度最高可达 1000000fps。该相机拍摄速度越高，视场越小。实验中一般采用 100000fps，曝光时间选择 1/1000000s，视场像素尺寸为 320×192 像素，实际拍摄区域约为 6cm×10cm。这样的相机参数设置下，拍摄到的图片有足够的视场记录爆生裂纹的扩展轨迹，同时图片亮度和分辨率满足焦散斑的测量需求。

5.3.2　实验系统 z_0 选取

焦散线法是通过测量裂纹尖端焦散斑直径计算应力强度因子的实验方法。焦散斑直径的大小与模型试件的材料参数、记录时的光学系统参数有关。这些参数中，试件平面到成像平面的距离 z_0 在实验中容易调节。z_0 的合理取值是保证应力强度因子精确计算的关键因素。

z_0 的取值决定了焦散斑的初始曲线半径 r_0。当 r_0 在某一范围内，焦散斑的形状保持不变，计算出来的应力强度因子为常数。r_0 取值偏大或者偏小，都将影响应力强度因子计算值的精确性。r_0 取值偏小时，计算结果受到裂尖三维应力状态影响；r_0 取值偏大时，计算结果受到裂尖应力场高阶项的影响。

假设裂纹尖端复应力势函数 $\varphi(z)$ 见式（5-22）：

$$\varphi(z) = \sum_{n=1}^{\infty} C_n z^{n/2} \tag{5-22}$$

则应力强度因子为：

$$K = 2\sqrt{2\pi}\lim_{z \to 0}[z^{\frac{1}{2}}\varphi(z)] \tag{5-23}$$

可见，在应力强度因子为常数的区域之外，初始曲线距离裂纹尖端较远，则复应力势函数 $\varphi(z)$ 的级数展开式需增加附加项才能精确计算出应力场的分布。

对于线弹性材料，计算裂纹尖端应力强度因子时，在线弹性奇异解中只取了级数展开式第一项。所以当 r_0 较大时，所产生的焦散斑对应于主应力有较大变化。故初始曲线必须位于奇异解仍然有效的区域内，即 K 主导场内，应力强度因子的计算才能是精确的。

由于应力集中现象，裂纹尖端的局部应力非常大。从理论上讲，这里的应力是无限大的，但在实际材料或结构中，在这种应力高度集中的区域，往往会形成局部塑性变形。为了使焦散线从线弹性应力应变关系仍然有效的区域中产生，必须要求初始曲线位于塑性变形区之外，即

$$r_0 > r_{pl} \tag{5-24}$$

对于平面应力和平面应变状态，应力光学常数是不同的。在应力集中区附近，由于应力梯度大，平面应力状态被三维应力状态所代替。所以，为使初始曲线位于复合应力状态区之外，应使：

$$r_0 > r_{ps} \tag{5-25}$$

式（5-24）和式（5-25）中，r_{pl}，r_{ps} 分别为塑性变形区的尺寸和三维应力状态区域的尺寸。

对于裂纹尖端的焦散斑图像而言，在保持应力强度因子不变的情况下，焦散线的直径和初始曲线半径 r_0 随着 z_0 的增大而增大。因此可以选择足够大的 z_0，使得 $r_0 > r_{pl}$ 和 $r_0 > r_{ps}$ 同时得到满足。同时，对应于较大的 z_0，焦散斑的直径也较大，这也有利于提高测量精度。但是，不能认为 z_0（D 和 r_0）越大越好。因为初始曲线必须保证位于奇异解仍然有效的区域内，也就是说 r_0 是有上、下界的。图 5-6 给出了初始曲线半径 r_0 对应于不同试件厚度的上、下界曲线，根据厚度的大小可以找到 r_0 的范围，然后去选定合适的 z_0 值。

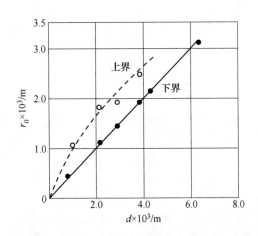

图 5-6　初始曲线半径对应于不同厚度试件的上、下界曲线

5.4　爆炸加载动态焦散线实验案例

5.4.1　实验试件

试件选用有机玻璃板（PMMA），该材料光学性质各向同性，透明度高。试件尺寸和炮孔装药结构如图 5-7 所示。试件的几何尺寸为 $200\text{mm} \times 200\text{mm} \times 5\text{mm}$，在中心钻一个直径为 10mm 的圆孔作为炮孔。炮孔内采用切缝药包，切缝管采用硬质 PVC 管，内外半径分别为 3.5mm、4.5mm。炸药采用叠氮化铅，装药半径为 3mm，切缝宽度为 1mm。由于装药结构具有对称性，为了满足视场需求，高速相机只记录一侧的焦散斑运动轨迹。

5.4.2　实验结果

图 5-8 为试件爆炸后照片，由于采用了切缝药包不耦合装药，在切缝方向产生了 2 条近似水平的爆生裂纹，且扩展长度相近。在炮孔环向非切缝方向，由于切缝管对炮孔壁的冲击作用，产生了次生裂纹，但扩展长度远小于切缝方向主裂纹。

图 5-9 为裂纹尖端动态焦散斑图像。可以看出，切缝药包爆生主裂纹的扩展形式以拉伸断裂模式为主，定向效果显著。焦散斑大小的动态变化反映了裂纹尖端应力集中程度的强弱和能量释放率的变化。焦散斑由一圈"亮线"包围，这圈"亮线"称为焦散线，用于测量焦散斑的直径。由图 5-9 可得出，高速相机有限的视场能够捕捉足够清晰的焦散斑，为后续测量裂纹扩展速度、应力强度因子和能量释放率奠定了良好基础。

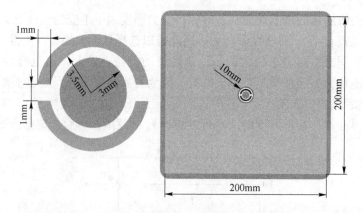

图 5-7 试件尺寸及装药结构

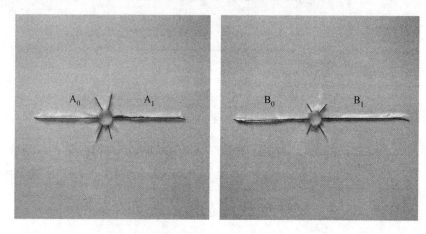

图 5-8 爆破后试件图片

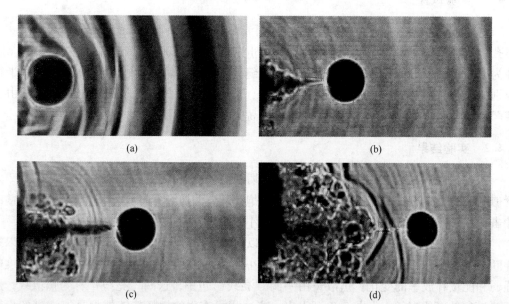

图 5-9 高速相机拍摄的焦散斑图像

(a) 10μs; (b) 70μs; (c) 130μs; (d) 190μs

5.4.3　爆生裂纹扩展速度和应力强度因子

图 5-10（a）是爆生主裂纹 A_1、B_1 的扩展速度随时间变化的曲线。可以看出，主裂纹 A_1 的扩展速度整体上小于主裂纹 B_1 的扩展速度，两条曲线呈现出相似的变化趋势。主裂纹 A_1、B_1 的速度先是缓慢振荡减小，然后突然增加，最后急速振荡减小至零。扩展中速度的突然增加是由于试件边界反射拉伸波的作用。

图 5-10（b）是爆生主裂纹 A_1、B_1 尖端的动态应力强度因子随时间变化的曲线。可以看出，主裂纹 A_1 的动态应力强度因子整体上小于主裂纹 B_1 的动态应力强度因子，并且变化趋势相似。主裂纹 A_1、B_1 的动态应力强度因子在刚开始时为最大值，随着裂纹扩展，裂尖的应力集中程度不断降低，两条曲线均呈现出明显的振荡下降趋势。在裂纹扩展中，它们的应力强度因子受到边界产生的反射拉伸波作用突然增加，之后振荡衰减。

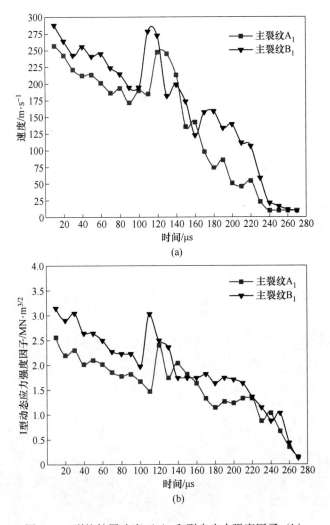

图 5-10　裂纹扩展速度（a）和裂尖应力强度因子（b）

练　习

5-1　叙述焦散线方法的原理以及该方法采用的几何光学定律。

5-2　叙述焦散线方法中试件与成像平面之间的距离是如何选择的。

5-3　叙述复合型焦散斑 I、II 型动态应力强度因子之比 μ 是如何确定的。

5-4　叙述焦散斑的形状是否受裂纹尖端应力场大小和分布的影响。

5-5　叙述计算裂尖应力强度因子时需要考虑哪些方面造成的误差。

6 高速纹影实验方法

6.1 概　述

纹影法是力学实验中一种常用的光学观测方法，其基本原理是利用光在被测流场中的折射率梯度正比于流场的气流密度进行测量，广泛用于观测气流的边界层、燃烧、激波、气体内的冷热对流以及风洞或水洞流场。纹影摄像是利用流场对光折射的原理产生图像，通过纹影图像可清晰再现爆轰波内部流场结构的变化。

德文单词 Schlieren（纹影）用来表示透明介质中的非均匀性或扰动。Schlieren 方法由英国自然哲学科学家 Robert Hooke 于 1672 年发明，1858 年法国物理学家 Foucault 使用 Schlieren 方法测试望远镜中反光镜的光学表面。1864 年 August Toepler 成为第一个看到冲击波的人。从历史的视角来看，Toepler 用这种方法进行了火花波动传播（弱冲击波）的可视化，这种初次应用具有重要的开创意义。自此以后，Schlieren 方法被用于弹道试验、空气中高压射流的研究等。

纹影法是利用介质中密度的变化来显示流场的，此方法与其他方法相比的优点为：（1）可以显示出直观的图像；（2）接收设备不必置入流场（因而对流场无影响）；（3）应用频率范围较广。此方法的局限性为：仅对透明介质能显示出与光路垂直传播的流场。

6.2　纹影实验原理

6.2.1　激光光源

与其他光源相比，激光具有单色性好、方向性强、光亮度极高和相干性极好的优点，可排除波长变化对折射率及其梯度的影响。激光器是一种将工质吸能粒子（分子、原子或离子）激发光子能量振荡的受激辐射式现代新型光源，是能够分别在可见光、红外、紫外波长范围发射线谱光的设备。纹影系统的灵敏度取决于照明光源的强度，激光光强足以满足纹影系统的需求。激光的光束不仅可脉冲，也可连续照明。

6.2.2　纹影仪的光学原理

纹影仪（Schlieren）能够把透明介质折射率的变化转变为屏幕上可见的照度的变化，是流场显示的重要手段。其实验原理图如图 6-1 所示。

图 6-1 表示了纹影实验基本光学原理，光源 S 发出的光由透镜 L_1 成像在狭缝 R 处，狭缝的作用是将光源 S 的像整形。狭缝 R 放在透镜 M_1 的前焦平面上，两个相同的透镜 M_1 和 M_2 将狭缝 R 处的像成像在 M_2 的后焦平面上，在该焦平面处放置刀口 K。流场 T 处

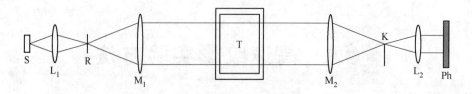

图 6-1   纹影实验原理简图

于透镜 M_1 和 M_2 中间，流场 T 通过成像物镜 L_2 成像到相机底片 Ph 处。

　　纹影仪有两个关键部件：纹影镜 M_1、M_2 和刀口 K。在图 6-1 中有两个成像过程：一个是纹影镜 M_1 和 M_2 将光源 S 的像成像在刀口 K 的位置；另一个是纹影镜 M_2 和照相机物镜 L_2 将实验流场 T 成像在记录平面 Ph 位置。图 6-2 为流场中由密度变化引起的折射率变化而产生光线的折射偏差。

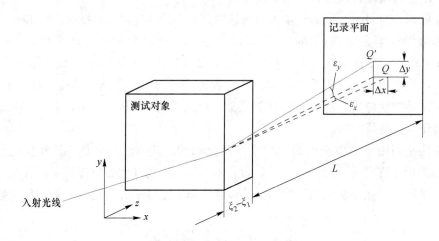

图 6-2   流场中光线的折射偏差

　　刀口 K 是纹影仪中的重要部件，图 6-3 表示了它的作用，当实验流场 T 内没有流动时，调节纹影仪刀口 K，使刀口慢慢切割未受扰动光源的像。假设光源的像切割后剩余高度是 a，长度是 b。实验流场 T 内有流动后，光线通过实验流场 T 受到扰动。对应光源像的位置也发生了移动，假设沿垂直于刀口方向移动的距离是 Δa，则通过刀口的光线就相应有变化。

　　如果实验流场 T 内无气流时，屏幕均匀照明亮度为：

$$I(x,y) = \eta I_0 \frac{ab}{f_e^2} = 常数 \tag{6-1}$$

式中，η 为衰减系数；I_0 为光源的光强；f_e 为成像物镜焦距。实验流场 T 内有气流时，刀口处光源像有位移，使得屏幕上对应点光强发生变化，变化的亮度为：

$$\Delta I = \eta I_0 \frac{\Delta a \cdot b}{f_e^2}, \Delta a = f_2 \tan\varepsilon_y \approx f_2 \varepsilon_y \tag{6-2}$$

式中，f_2 为纹影镜焦距。因此纹影像的反差为：

$$\gamma = \frac{\Delta I}{I} = \frac{\Delta a}{a} = \frac{f_2}{a}\varepsilon_y = \frac{f_2}{a}\int_{\zeta_1}^{\zeta_2}\frac{1}{n}\times\frac{\partial n}{\partial y}\mathrm{d}z \tag{6-3}$$

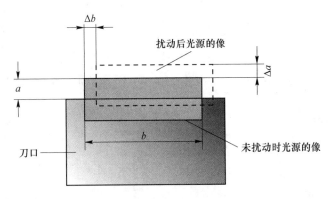

图6-3　刀口的作用

刀口水平放置时：

$$\gamma = \frac{f_2}{a}\int_{\zeta_1}^{\zeta_2}\frac{1}{n}\times\frac{\partial n}{\partial y}\mathrm{d}z \approx \frac{f_2}{a}k\int_{\zeta_1}^{\zeta_2}\frac{\partial \rho}{\partial y}\mathrm{d}z \tag{6-4}$$

因此纹影法测量的是垂直于刀口方向流场密度的一阶导数。纹影仪的灵敏度与纹影镜焦距 f_2 及刀口切割后光源像的剩余高度 a 有关。纹影镜焦距越长，灵敏度越高；刀口切割光源的像越多（光源像的剩余高度越小），灵敏度越高。

6.3　高速纹影实验系统

6.3.1　光路系统简介

如图6-4所示，纹影实验的光路系统由一套纹影仪（包括激光器、扩束镜、反射镜1、凹面反射镜1、凹面反射镜2、反射镜2、刀口）、一个防护箱、一台高速摄像机组成。其中，激光器、扩束镜、反射镜1放置于光源箱中，反射镜2、刀口放置于采集箱中。整个光路呈"Z"形布置，光路中的凹面反射镜离轴工作，为了减少图像变形，光路调节时光线不应离轴太多，一般应保证夹角小于7°。

6.3.2　光路调试步骤

纹影实验需要在暗场环境进行，本节以经典的"Z"形透射式光路（见图6-4）为例讲解光路调试步骤。

（1）架设凹面反射镜1和凹面反射镜2。保证两个凹面反射镜放置在同一标高，两个凹面反射镜的凹面相对。

（2）架设光源箱。光源箱中的扩束镜能够使激光器发出的光转变为一束发散光，发散光经反射镜1反射后，通过光源箱上的圆孔传播至凹面反射镜1。调整光源箱中的扩束镜和反射镜1之间的距离、高度、倾角，保证发散光经反射镜1反射后，能够刚好全部通过光源箱的圆孔。调整光源箱的角度和位置，保证光源箱中的扩束镜位于凹面反射镜1的

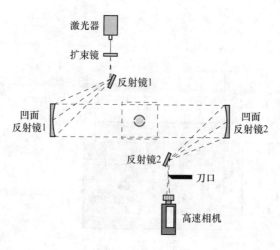

图6-4　光路示意图

一倍焦距处，同时保证从光源箱圆孔射出的光线刚好全部照射在凹面反射镜1上。

（3）光源箱调整完毕后，两凹面反射镜间的光线为平行光，平行光穿过防护箱。防护箱内壁设置吸能海绵，防止爆炸冲击波的反射；防护箱内设置试件炸药药包的固定装置；防护箱内设置水平、竖直两个方向超压传感器的放置位置。

（4）调整采集箱。调整采集箱的角度和位置，使凹面反射镜2的反射光刚好全部通过图像采集箱的圆孔。调整采集箱中的刀口和反射镜2之间的距离、高度、倾角，保证刀口位于凹面反射镜2的一倍焦距处，使影像成像在刀口处。

（5）调整高速摄像机。通过调整高速摄像机的位置，使相机采集到的图像视场亮度均匀。

（6）在防护箱中放置炸药药包、超压传感器。连接示波器与超压传感器，连接炸药药包和起爆器，连接高速摄像机和计算机。在起爆前将示波器设定为自动触发采集，起爆的同时启动高速摄像机进行图像采集。

（7）在架设设备时需要保证激光器、扩束镜、反射镜中心点、防护箱、凹面反射镜中心点、刀口、高速摄像机位于同一标高，保证两凹面反射镜间的光线平行。

6.4　高速纹影实验案例

本节以不同材质切缝药包爆炸实验为例介绍纹影实验方法在爆破实验中的具体应用。

6.4.1　实验系统

高速纹影实验方法在研究空气冲击波传播规律方面非常有用，甚至可以说是唯一的形象化观测手段，可以得到冲击波的传播速度、冲击波遇障碍物的绕射情况、马赫反射的形成过程、临界角的角度等。

高速摄像机与纹影仪联用的条件：

（1）纹影仪光源在刀口平面所成的实像应在高速摄像机的入口光阑处成像。

（2）在满足第一点的同时，扰动区域（图6-1中T区域）能在高速相机的成像平面上清晰成像。

（3）纹影仪有效视场在相机成像平面上成的像与高速相机的画幅尺寸相等。

图6-5为实验采用的综合测试系统示意图，系统由纹影光路系统、空气冲击波超压测试系统、起爆系统组成。通过同步控制器控制起爆系统和高速摄像机，实现同时定性与定量采集爆轰波动场的演化过程。实验采用 Fastcam SA5 高速摄像机，拍摄频率为100000fps。

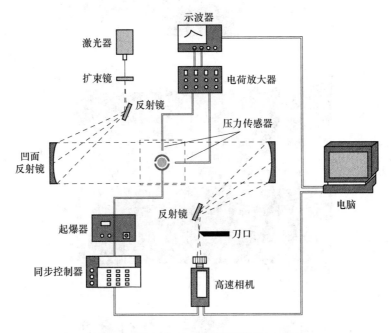

图6-5　实验系统示意图

测定切缝药包冲击波峰值超压的公式为：

$$\Delta P_{\mathrm{m}} = \frac{V_{\max}}{KS_{\mathrm{q}}} \tag{6-5}$$

式中，$V_{\max}$ 为示波器显示的峰值电压，mV；K 为电荷放大器的灵敏度，mV/pC，实验中设置值为10mV/pC；S_{q} 为传感器的电荷灵敏度，pC/MPa。

空气冲击波超压测试系统主要由压力传感器、电荷放大器、示波器组成。首先对传感器的电荷灵敏度进行标定，传感器的压力电荷灵敏度 $S_{\mathrm{q}} = 297.5 \mathrm{pC/MPa}$。然后分别在切缝药包切缝方向与垂直切缝方向等间距布置压力传感器。本实验使用的自由场压力传感器为CY-YD-202型压电式压力传感器，其压力范围为 0~10MPa，自振频率大于100kHz，非线性低于1.5%，绝缘电阻大于 $10^{12}\Omega$；放大器是 YE5853 型电荷放大器，其电荷灵敏度为0.1~1000mV/pC，精度误差小于1.5%，最大电荷输出量为 10^5pC，频率范围为 1Hz~100kHz；示波器是 TELEDYNE LECROY 公司的 HDO 4034 型示波器，其最高采样频率为2.5GS/s。

图6-6为实验系统实物图。

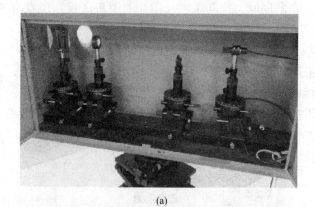

(a)

(b)

(c)

图 6-6　实验系统实物图

（a）光源箱（激光器、扩束镜、反射镜）；（b）采集箱（反射镜、刀口）；（c）防护箱

6.4.2 实验试件

在工程实践中，经常采用 PVC 管作为切缝管。然而目前针对不同切缝管材质的切缝药包产生的爆炸波动场演化机制是否相同的问题鲜有研究。因此，本实验结合高速纹影系统和空气冲击波超压测试系统，对不同切缝管材质的切缝药包爆炸波与爆生气体的传播机制进行了探讨，为丰富切缝药包定向断裂理论提供了参考。

实验目的为探究不同材质切缝药包爆炸波与爆生气体的传播机制，实验采用 3 种材质的切缝管，分别为不锈钢管、PVC 管和有机玻璃管。3 种材质的切缝管尺寸相同，外直径 12mm，内径 6mm，壁厚 3mm，切缝宽度 2mm。炸药为二硝基重氮酚（DDNP），药量为 250mg。将做好的药包放置到预定位置，使其轴向与光场平行。将压力传感器放置在切缝管的切缝方向与垂直切缝方向，为了保护传感器不被切缝管碎片破坏，传感器距离药包中心 20cm。试件如图 6-7 所示。

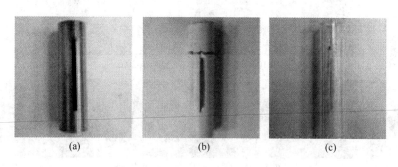

图 6-7　用于纹影实验的切缝药包
（a）不锈钢；（b）PVC；（c）有机玻璃

6.4.3 实验结果与分析

切缝药包轴向与光场方向平行，两侧切缝为水平方向，可以较为清晰地看出炸药起爆后爆炸冲击波与爆生气体在切缝管口的传播过程。图 6-8（a）为不锈钢材质切缝药包爆炸冲击波与爆生气体的传播过程图，10μs 时，爆炸产物从切缝口处向外扩展，并沿切缝管呈现对称状。20μs 时，爆炸冲击波从切缝口处向外膨胀，沿着切缝管壁向两侧绕流，并很快绕流至彼此的区域。30μs 时，在垂直切缝方向已经能够明显看到爆炸冲击波与爆生气体的分离界面，但沿切缝方向并不能明显观察到分离界面。直到 60μs 时，切缝方向的爆炸冲击波与爆生气体逐渐分离，并且爆炸冲击波形成了一个近似闭合的包络面，将爆生气体包裹其中。150μs 时，除了前沿爆炸冲击波外，在切缝药包周围出现了椭圆形的激波，它是由两侧切缝口初始产生的冲击波沿着切缝管壁绕流至对方区域形成的，并且随着爆炸产物的扩展，绕流波也随之扩展，但强度很快衰减，最后消失在视场中。

图 6-8（b）为 PVC 材质切缝药包爆炸冲击波与爆生气体的传播过程图。10μs 时，由于起爆探针产生的高压电流影响了视场，无法捕捉到开始阶段的传播过程。20μs 时，能够清晰看出爆炸产物在切缝方向的分布情况与不锈钢材质切缝药包基本一致，垂直切缝方向同样没有爆炸产物的形成。30μs 时，在垂直切缝方向能够观察到爆炸冲击波与爆生气

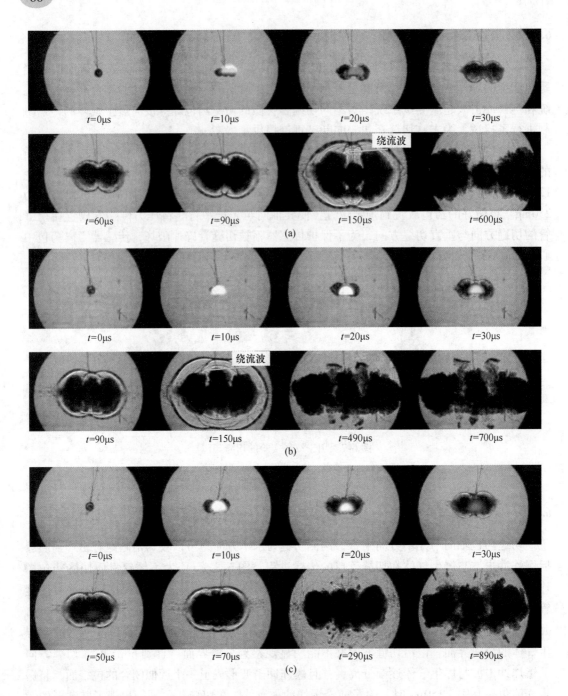

图 6-8　切缝药包爆炸波动过程图
（a）不锈钢管；（b）PVC 管；（c）有机玻璃管

体的分离界面，但沿切缝方向并不能明显观察到分离界面。90μs 后，爆炸冲击波与爆生气体完全分离。150μs 时，同样可以观测到绕流波，只是绕流波的强度更弱，衰减更快。490μs 时，视场中开始观测到切缝管残片，但切缝管在爆炸荷载下的破坏应该发生在此之前，由于爆炸产物的影响，具体时刻无法确定，但在此时间段以后，切缝方向爆生气体继续扩展，垂直切缝方向爆生气体基本不扩展，即切缝管的破坏对爆生气体扩展影响较小。

图6-8（c）为有机玻璃材质切缝药包爆炸冲击波与爆生气体的传播过程图。$10\mu s$ 时，爆炸产物从切缝口处优先扩展，同前两种材质的切缝药包现象相同。$30\mu s$ 时，垂直切缝方向能够观察到爆炸冲击波与爆生气体的分离界面，沿着切缝方向并不能明显地观察到分离界面。$50\mu s$ 后，爆炸冲击波与爆生气体完全分离，但整个过程中没有观测到绕流波。$290\mu s$ 时，视场中能够观测到切缝管残片，与 PVC 材质切缝药包相比，有机玻璃管残片更加破碎。

由 3 种材质切缝药包爆炸波动过程可以看出，无论哪种材质的切缝管，爆炸产物都优先从切缝管口处向外扩展，爆生气体主要沿着切缝方向扩展，这种特性不受切缝管材质的影响。切缝方向爆炸冲击波与爆生气体的分离过程滞后于其他方向，说明切缝方向携带能量多于其他方向。

练　习

6-1　简述高速纹影实验方法的基本原理。

6-2　叙述高速纹影实验光路系统由哪些仪器组成。

6-3　叙述高速纹影实验的光路调试步骤。

7 高速摄影技术

7.1 引　言

　　人眼的视觉暂留，限制了人观察和分析高速运动过程的能力。因此科研人员研发了各种类型的高速摄影仪器，借助仪器对高速运动过程进行研究。早期，人们称这种仪器为时间放大镜。通过它，把快速过程记录在胶片上，然后再慢速放映记录胶片，重现被摄过程，相当于把时间尺度放大，恰如显微镜把细小物体放大一样。

　　如果我们把视觉暂留时间当作人眼对时间的极限分辨能力，即时间分辨本领，则它约等于 $0.1s$。现代的高速摄影仪器，已可分辨 $10^{-13}s$，使人眼的时间分辨本领提高了 12 个数量级。

　　高速摄影是研究高速运动过程的一种行之有效的方法，它与一般摄影最根本的区别，在于它有超高的时间分辨本领，能跟踪快速变化过程的发生和发展，并记录下来。自然界中，许多物理、化学、生物变化过程都是很快的，如高速机械运动、炮弹的飞行过程、电弧、电火花、爆炸、物质的分解和化合、植物的光合作用等等。对它们进行观察和研究，无疑必须借助高速摄影方法，以获得它们的一维、二维或三维空间位置随时间的变化，或获得它们某些物理状态参数随时间的变化规律。因而高速摄影学是研究宏观物体或微观物质运动规律的科学。

7.2　近代高速摄影技术发展历程

　　1851 年，珂罗酊湿板问世，感光度大幅度提高。英国人 W. H. Fox-Talbot 曾用持续期很短的电火花，首次拍到了旋转报纸的清晰照片，开创了有目的的高速摄影活动，并取得了高速摄影的第一个专利。1893 年，爱迪生在总结前人经验基础上，制成了每秒能拍摄 40～60 幅的电影摄影机。同年，英国人 Boys 大体完成了转镜扫描相机的设想，其设计原理沿用至今。1894 年，透镜补偿原理获得专利。1905 年，反射镜补偿原理获得专利。大致在 1920 年研制出了透镜补偿和反射镜补偿高速相机。1929 年，由于气动实验研究的需要，C. Cranz 和 H. Schardin 利用持续期为微秒量级的多个电火花光源照明，一次拍摄了多幅图像。这种相机结构，后来由于电火花光源的改进和脉冲激光光源的使用，再次时兴起来。1932 年，棱镜补偿式相机在美国问世。1939 年，美国人 C. D. Miller 提出了转镜式分幅相机原理，并于 1946 年取得了等待式分幅高速相机专利，为现代转镜式分幅相机奠定了基础。1944 年，美国 Los Alamos 科学实验室出于爆轰学、爆炸力学和其他研究领域的需要，制成了第一台同步式转镜分幅相机。大约在 1949 年，苏联设计的 CФP 型转镜式扫描、分幅相机问世。

　　如上所述，高速摄影技术的发展虽然在第二次世界大战前已经解决了许多设备的设计原理问题，但是重大的进展主要在第二次世界大战之后。20 世纪 40 年代至 60 年代是光机式高速摄影设备广泛研究并努力发展为应用技术的年代。目前，这类设备的原理没有大的变化。人们除了继续寻求提高时间分辨本领的新途径外，还在探索新的记录介质，以扩展光谱记录范围；大力发展使用技术，以充分发挥现有设备的潜力；尽量提高空间分辨率，进一步改善成像质量。

20 世纪 50 年代起是变像管高速相机大力发展的年代。20 世纪 50 年代中期至 60 年代初期，解决了亚纳秒时间分辨的变像管高速摄影问题。20 世纪 60 年代中期，锁模激光器出现后，实现皮秒激光核聚变的前景令人向往，可见光和 X 光皮秒光电成像技术便提到议事日程。20 世纪 70 年代是皮秒时间分辨变像管相机蓬勃发展的时代。当前，激光脉冲的半高宽已压缩到飞秒量级，因而迫切需要进一步提高高速摄影设备的时间分辨本领。

高速摄影领域的国际学术交流活动始于 1952 年。20 世纪 60 年代末期，由于高速摄影设备时间分辨本领的提高以及应用技术深入到微观物理、化学过程的研究、光与物质的相互作用等方面，因此，在 1970 年召开的第 9 届国际高速摄影会议上，人们首次提出"光子学"（Photonics）一词，并从 1978 年第 13 届国际会议起，正式将会议名称改为"国际高速摄影与光子学会议"。光子学是把光子当作信息载体，研究光信息的探测、传输、记录、处理和显示的科学。特别在研究光与物质的相互作用时，光子所载信息，反映了物质分子结构的变化和物质的微观性态，光子学涉及的一系列近代科学技术问题的解决，几乎都要借助高时间分辨本领的高速摄影仪器。这是把高速摄影和光子学联系在一起的重要原因。

我国的高速摄影事业，虽然 20 世纪 30 年代已开始，并有国外高速摄影专家来华工作，但是新中国成立前并没有留下多少活动的痕迹。1958 年，西北光学仪器厂等单位开始了转镜式高速相机的研制工作，并于 1962 年研制出合格产品，填补了我国在此科学技术领域的空白。同年，我国主要从事高速摄影研究工作的西安光学精密机械研究所（以下简称西安光机所）成立，开创了我国高速摄影设备按照使用要求独立发展的新局面。20 世纪 60 年代，我国主要围绕各种光机式相机的研制和应用，开展了一系列卓有成效的工作。20 世纪 70 年代末期至 80 年代，变像管相机和光子学测试技术得到了迅速发展。到 1987 年国内召开第 5 届高速摄影和光子学会议时，所反映的主要情况是：

（1）多数光学机械高速摄影设备，已接近或达到当时的国际先进水平，有些还具有我国自己的特色。如 70mm 棱镜补偿式相机具有频率高、像质好等特点，在第 14 届国际高速摄影与光子学会议上曾受到国外同行的好评。16mm 棱镜补偿相机较国外同类相机启动电流小，图像清晰。35mm 棱镜补偿相机由于片道设计的改进，大大降低了运转时的断片概率。间歇式高速电影摄影机的摄影频率已接近当时国际最高水平，且具有良好的画幅稳定性。网格式相机中的关键器件自聚焦光纤网格透镜板的研制，转镜式高速相机中的电机 – 摩擦增速驱动机构、铍镜透平的研制，以微处理机为核心的控制设备的研制等，都是很有特色的研究成果。

（2）光电成像设备方面，成功研制时间分辨本领为 5ps 的可见光扫描变像管相机，并带有二维自动数据读出系统。时间分辨为 50ps 的软 X 光扫描相机交付使用，并提出了 X 光皮秒分幅相机的电子光学设计方案。对皮秒同步扫描变像管和飞秒扫描变像管进行了电子光学设计和样机试制。

（3）与国外合作，获得了脉宽为 19fs 的超短光脉冲，是不用压缩技术获得的最短光脉冲。

（4）序列激光脉冲已实现单脉冲宽度 5ns，重复频率 1MHz。同时研制了重复频率 10MHz、脉宽 2ns 的序列脉冲电光调制器。

（5）闪光 X 光设备：研制了电子束能量为 7MeV 的强流相对论电子束加速器，并用于透视摄影，为了进一步改善光束质量，正在研制 6MeV 直线感应加速器。也发展了多种能量较低的通用型闪光 X 光设备和研制了电感贮能闪光 X 光机。

（6）研制出多功能多脉冲激光全息相机。

（7）研制出摄影频率 200fps 的高速录像设备。

（8）测试技术的研究，面向实际解决了其他专业许多疑难问题，并推动了测试技术本身的发展。以"直接线性变换"原理为基础的高速立体摄影，在土岩爆破中，测量飞石的空间坐标精度达厘米量级；基于多普勒频移的激光干涉测速技术，在爆轰学和内弹道学研究中取得了好的结果，干涉测速的时间分辨本领达 1ns；用瞬时多道比色测温仪，测量了固体和液体炸药的爆温；用高速实时全息干涉法定量测量了三维温度场；高速莫尔条纹技术在脉冲荷载下三维形变测量和物体机械振动研究中获得了初步应用；动态白光散斑技术和动光弹结合，应用于主应力的分离研究；使用超短光脉冲光源和图像放大系统，提高了高速纹影技术的时间分辨本领和空间分辨率；图像增强和复原处理在流场显示和辐射摄影中获得了愈来愈广泛的应用；光纤传感器与高时间分辨本领的扫描相机结合，扩展了扫描相机的功能；微光高速电影摄影技术的研究为拍摄低照度高速目标提供了手段。

（9）高速摄影底片判读和数据处理愈来愈受到重视，研制了软件功能丰富的判读仪，并对各种数据平滑方法进行了分析和比较。

（10）高速摄影技术应用单位愈来愈多，特别是民用部门利用它解决各自专业领域的难题，收到了显著的效果。

我国高速摄影和光子学研究工作，一直提倡研制和应用密切配合，理论联系实际。在多年的发展历程中，走过了从仿制到研制，从单一品种到基本齐全，从军用推广到民用，从国内走向国际这一过程，形成了一支有较好素质的设备研制、应用技术研究专业队伍。在国际学术交往中，我国曾参加了第 7，13，14，15，16 届国际会议，并于 1988 年 8 月承办了第 18 届国际会议。这次会议有百多名国外代表参加。会上，我国发表的论文篇数占会议论文总数 1/2 以上。1981 年，国际电影电视工程师协会把 Photo-Sonics 金质奖章授予我国杰出学者龚祖同教授，以表彰他在发展国际高速摄影和光子学方面的巨大贡献。

7.3　近代高速摄影仪器的分类及其简述

高速摄影仪器的分类，目前尚无统一标准。为了叙述方便起见，按照时间分辨本领的高低，将它分成以下几类。

7.3.1　间歇式高速电影摄影机

间歇式高速电影摄影机是在普通电影摄影机基础上发展起来的。一般认为：使用 135 胶片的相机，如果摄影频率在 100fps 以上，即称为高速相机。图 7-1 为间歇式高速电影摄影机的结构原理，被摄物体 1 经物镜 2 和叶子板快门 3 成像在胶片 4 上，链轮 9 由马达驱动，并使胶片在供片轮 7 和导轮 10、收片轮 8 和导轮 10 之间连续运动，随后胶片进入导片槽 5。间歇机构 6 使胶片在导片槽 5 中间歇运动，即当图像曝光时，胶片静止，与间歇机构同步的叶子板快门 3 上的通孔 11 开放光路，图像曝光，通孔 11 转过以后，光路关闭，间歇机构立即使胶片移动一个图像幅面。如此周而复始，获得一系列图像。可见，间歇机构、快门机构、连续输片机构和成像光学系统，即为间歇式高速电影摄影机的主要组成部分。

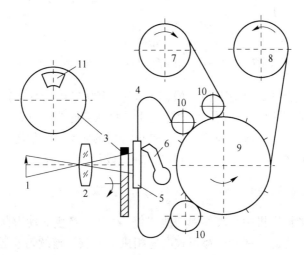

图 7-1　间歇式高速电影摄影机结构原理

1—被摄物体；2—物镜；3—叶子板快门；4—胶片；5—导片槽；6—间歇机构；

7—供片轮；8—收片轮；9—链轮；10—导轮；11—通孔

　　由于拍摄过程中，胶片作间歇运动，要承受很大的动力荷载，因此，输片速度不能太高。对 35mm 胶片只有 6～8m/s 左右，相应的最高摄影频率约为 360fps。若使用 16mm 胶片，最高摄影频率已达 1000fps。使用 70mm 胶片的相机，为 110fps 左右。为了改善胶片受力状况，人们开始研究各种间歇机构，例如，差相滑轮机构和滚环机构等，以便获得更高的摄影频率。间歇式高速电影摄影机的主要优点是：摄影光学系统的光力强；成像质量好（动态摄影分辨率在 30 lp/mm 以上）；画幅稳定性高；相机结构简单；片容量大（一般为 150m 左右，按 360fps 拍摄，总记录时间在 20s 以上）。当使用超 8mm 胶片时，摄影机可以做得很小，在卫星试验和火箭橇试验中，可以安装到试验装置上，实地拍摄所观察的对象，然后回收底片，分析结果。

　　间歇式高速电影摄影机的快门，一般均采用薄板上开孔形式，称为叶子板快门或圆盘快门，即在圆盘上开一中心角为 α 的扇形通光孔，当它旋转时，控制其后胶片上像素的曝光时间。图 7-2 为单开口叶子板快门。胶片上图像各像素点的曝光时间 $t_i = \dfrac{\alpha}{\omega}$，遮幅时间 $t_s = \dfrac{360 - \alpha}{\omega}$（式中 α 为扇形通光孔中心角，ω 为快门旋转角速度）。若相邻两幅图像的时间间隔为 T，相机的摄影频率为 f_ω，则有：

$$f_\omega = 1/T = 1/(t_i + t_s) \tag{7-1}$$

令 $G = t_i/T$，则：

$$t_i = G/f_\omega \qquad (7\text{-}2)$$

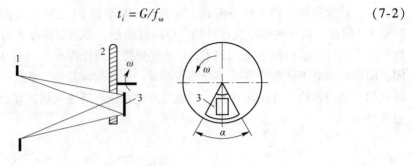

图 7-2 叶子板快门

1—光学系统出瞳；2—叶子板快门；3—胶片上的一幅图像

系数 G 称为快门开关系数，其值一般在 1/2～1/100 之内变化。每一台相机均有多种快门开关系数的叶子板快门供选用。G 值除用于计算像点曝光量外，当估计运动物体在胶片上的像移借以选择合适的摄影频率时，也是很有用的参数。G 值越小，对于拍摄快速运动目标越有利。但 G 值越大，也在一定程度上标志设计水平较高。

7.3.2 光学补偿式高速相机

间歇式高速电影摄影机中，胶片周期地"停""动"产生的动力荷载，使它的摄影频率难以进一步提高。为此，在光学补偿式高速相机中，胶片连续匀速运动。通过光学元件的作用，使光学系统所成图像也做匀速运动，并与胶片运动速度相同，造成图像在胶片上的相对静止。这种光学元件即称为光学补偿器。按照光学补偿器的不同结构，将光学补偿式高速相机又细分成以下几类。

7.3.2.1 旋转透镜光学补偿高速相机

如图 7-3 所示，分幅透镜 L 排列在同一圆周上并绕轴心 O 以角速度 ω 旋转。当 L 转

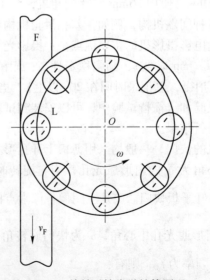

图 7-3 旋转透镜光学补偿原理

到连续移动的胶片 F 上方时,如果透镜成像的移动速度和胶片运动速度 v_F 相等,则实现了光学补偿。它的补偿原理十分简单,但实际上,由于它结构不紧凑以及驱动透镜盘比较困难等原因,现已很少采用。

7.3.2.2 旋转平板玻璃光学补偿高速相机

如图 7-4 所示,平板玻璃 P 置于光学系统 L 和胶片 F 之间,当 P 以角速度 ω 旋转时,光学系统所成的像也跟着移动。如移动速度与胶片运动速度 v_F 相等,即实现补偿。由图可见,平板玻璃需要旋转 180°,才能得到另一幅图像,故限制了摄影频率的提高。实际的高速相机中,此种补偿方式也很少采用。

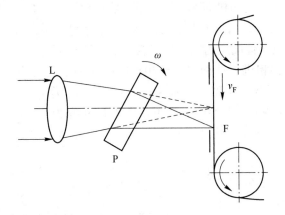

图 7-4 旋转平板玻璃光学补偿原理

7.3.2.3 旋转棱镜光学补偿式高速相机

旋转棱镜光学补偿式高速相机,简称棱镜补偿式相机。它是用多面体棱镜代替光学平板玻璃发展起来的。图 7-5 为四面体棱镜补偿式相机原理。实际设计时,也可采用六面体、八面体等。随着透光面数的增加,当棱镜转速相同时,摄影频率会提高,但图像尺寸相应地减小。这种相机曾对高速摄影技术的发展起过重要作用。据美国高速摄影专家 W. Hyzer 1979 年 11 月在中国讲学时声称:美国当时拥有棱镜补偿式相机 10000 ~ 15000 台。这种相机以体积小,像质好(仅次于间歇式高速相机),片容量大(最多可装片 600m),价格低廉为其特点。其规格品种也较齐全,如使用 70mm 胶片的国产棱镜补偿式

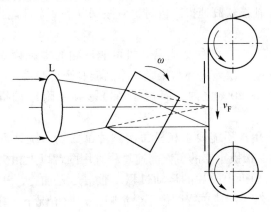

图 7-5 棱镜补偿式相机

相机，最高摄影频率为2000fps，图像尺寸为9.5mm×55mm。使用35mm胶片的相机，最高摄影频率为3250fps，图像尺寸为17mm×24mm（系美国Photo-Sonics 4B或4C型相机，输片速度约60m/s），同类国产相机的最高摄影频率为2000fps。这其中使用16mm胶片的相机最为普遍，各国生产型号也很多，美国Hycam K20S4E型相机具有该类相机中的最高摄影频率，即11000fps，图像尺寸为7.4mm×10.4mm标准画幅，相应的输片速度为87m/s。国产同类相机的摄影频率为8000～9000fps。与间歇式高速电影摄影机一样，棱镜补偿式相机也使用单开口或多开口叶子板快门，控制曝光时间。

7.3.2.4　旋转反射镜补偿式高速相机

旋转反射镜补偿式高速相机简称为反射镜补偿式相机，其结构如图7-6所示。多面体反射镜P以角速度ω旋转，每一反射面依次在以v_F运动的胶片上成一幅相对静止图像。图7-6为外镜鼓式相机，像面应为巴斯加蜗线，图上已简化。也可将反射面安置在旋转体的内表面，称为内镜鼓相机，这种内镜鼓相机曾在我国广泛使用，由德国进口，型号为Pentaxz-35。该相机使用35mm胶片，片容量为50m，当图像尺寸为18mm×22mm时，名义最高摄影频率为2000fps。更换附件，可使图像尺寸变为9mm×22mm，6mm×22mm，6mm×7mm和4.5mm×4mm，这时摄影频率也相应地提高到4000fps、6000fps、18000fps和40000fps。

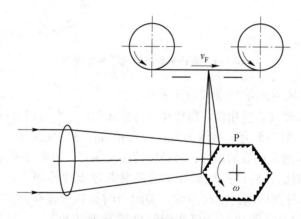

图7-6　反射镜补偿式相机

选用间歇式和光学补偿式高速摄影机时，应注意以下动态性能指标，它们也反映了相机的质量水平。

（1）摄影频率及其误差：各种高速摄影机可能达到的摄影频率已于前述。但实际使用时总有一定的频率误差，误差大小与摄影频率高低有密切联系。一般认为，某相机低频拍摄时，误差应在10%～20%之内，而在最高摄影频率附近拍摄时，应在5%～10%之内。

（2）跑片成功率：用户不能要求相机每次跑片都成功。统计资料表明，这类相机的失误率可达5%。因此，拍摄重要的单次高速过程宜用两台以上相机同时拍摄。

（3）启动耗片量：相机中胶片的运动过程，通常是先加速，达到要求的摄影频率后保持稳定直至结束。显然，加速过程图像不会清晰。一般情况下，相机以最高摄影频率拍摄时，加速过程消耗的胶片量不得超过总片容量的一半。

（4）画幅不稳定性：拍摄静止物体时，物体上各点在各画幅上的位置不同，称为画幅不稳定，各画幅上同名点在 X 轴、Y 轴方向相对位移量是衡量不稳定性的定量指标。可见，它将直接影响测试精度，严重时会使投影在屏幕上的图像抖动。造成画幅不稳定的因素，除相机本身外，与胶片的尺寸规格、尺寸精度和物理性能都有关系，因此很难做到十全十美。西安光机所推荐的数据是：间歇式相机画幅不稳定性不得大于 $\pm 0.05\text{mm}$；光学补偿式相机不得大于 $\pm 0.07\text{mm}$。

（5）动态摄影分辨率：间歇式相机画幅边缘动态分辨率不应低于 $25 \sim 30$ lp/mm（线对/毫米）；光学补偿式相机不得低于 20 lp/mm。

7.3.3 高速录像

高速录像又称高速电视。它使用高灵敏度的硅靶摄像管或自扫描固体摄像器件作为图像拾取器，然后通过电子束逐行扫描或自扫描时钟脉冲的作用，把平面图像依次转变成视频信号，存储在高密度磁带或磁盘上，以便随时调出显示或做进一步的图像处理和数据处理。因此，高速录像设备一般由 3 部分组成，即高速摄像机、高速录像系统及控制和数据处理系统。

高速录像作为科学研究的工具，是 20 世纪 70 年代以后开始的。但当时人们只能尽量缩短摄像管靶面上图像的曝光时间，要获得较高的摄影频率仍十分困难。20 世纪 80 年代，各种高速光电器件的成熟，以及多通道传输视频信号、多道磁头录像技术的发展，使高速录像取得了突破性进展，取代使用胶片的光机式高速摄影设备（如间歇式高速电影摄影机和棱镜补偿式相机）的呼声愈来愈高。两者相比，高速录像的主要优缺点如下：

（1）实时工作，这是高速录像设备的最大特点。在拍摄的同时，操作者可通过屏幕监视被摄图像。拍摄完毕后，立即放映拍摄结果，免去了胶片冲洗、拷贝等一系列烦琐过程。

（2）图像数据处理容易实现自动化。高速录像输出视频信号，通过 A/D 变换后，便可与外围计算机联网，对拍摄的图像数据进行分析和实施各种数字处理，并以多种形式输出处理结果。

（3）记录时间长，密纹磁带一般可拍摄 1h 左右，而且磁带可反复使用，降低了用户的成本。

（4）光谱范围宽，现有摄像器件，除响应可见光外，对紫外和红外图像也可响应。

（5）摄影频率低，高速摄像机按时序输出视频信号，这就决定了它的摄影频率难以大幅度提高。如要大幅提高摄影频率，势必牺牲图像的清晰度。

（6）图像质量差，这是以电视摄像为基础的图像系统的通病。例如，用硅靶摄像管摄像，则该种摄像管垂直方向的分辨率一般为 256 行，每行包括 256 像素左右。故一幅图像的总像素为 6.5×10^{4}，远少于 16mm 标准画幅棱镜补偿式相机的单幅像素。

从以上各项优缺点可以看出，目前高速录像仍存在一定缺陷，但是高速录像的崛起，为图像传输和图像数字处理开辟了一条方便的途径，其发展前景是不容忽视的。

1981 年，美国柯达公司推出 SP-2000 高速运动分析系统，被各国公认是当时高速录像技术领域的最先进产品。该相机采用固体阵列自扫描器件作拾像器。阵列器件单元数为

192×240，故每幅图像的像素为 46080 个。标准摄影频率为 2000fps，也可减至 1000fps、500fps、200fps、60fps 拍摄。如果将图像尺寸减小至 1/2、1/3 和 1/6，则摄影频率相应提高 2、3、6 倍，即最高摄影频率为 12000fps。这时每幅图像的像素为 32×240 个，也就是牺牲空间信息量，提高时间分辨本领。视频信号分 32 路并行送至一对 17 道磁头，记录在 1/2 英寸（1 英寸 = 2.54cm）高密度磁带上，每盒磁带长 1000 英尺（1 英尺 = 0.3048 米），当以 2000fps 频率摄影时，总记录时间约 1min。以微处理机为核心的控制器和运动分析系统控制摄像、录像的运行程序和进行仪器故障诊断；分析和处理数据，存储、显示各种图像数据，例如显示被摄物体的坐标位置、速度等。更进一步的数据和图像处理工作，可通过接口输入外围计算机进行。

7.3.4　鼓轮式高速相机

鉴于间歇式和光学补偿式两类相机的胶片需在承受冲击荷载条件下间歇运动或高速连续运动，所以摄影频率的提高，受到胶片强度的限制。为了改善胶片的受力状况，发展了鼓轮式高速相机。在这种相机中，圆柱形转动鼓轮即为相机光学系统最终像面。胶片紧贴在鼓轮的内表面或外表面一道旋转，故又分别称为内鼓轮式或外鼓轮式高速相机。这时的输片速度取决于鼓轮的转动速度，转速由鼓轮的强度、胶片变形量大小以及胶片因摩擦生热等因素限制。最高输片速度为 200m/s 左右。如果使鼓轮在低真空中旋转，则输片速度可达 400m/s。鼓轮式高速相机有分幅和扫描两种类型，分幅相机的摄影频率自数千幅至数万幅每秒；扫描相机的时间分辨本领最高可达 10^{-8} s。不管是扫描还是分幅摄影，它们均属于等待式相机。以下分别叙述几种典型的鼓轮相机。

7.3.4.1　光学补偿鼓轮式高速相机

光学补偿鼓轮式高速相机采用光学补偿器在胶片上获得相对静止的图像。正因为这样，有学者把鼓轮式相机列入光学补偿相机之内，不加区别。本书将二者加以区分，其原因为：（1）它的输片方式独特，且每次胶片用量很少（一般不超过 1m）；（2）时间分辨介于棱镜补偿相机和转镜式高速相机之间，独占一个台阶；（3）鼓轮式高速相机有时并不需要光学补偿。

7.3.4.2　脉冲光源鼓轮式分幅相机

脉冲光源鼓轮式分幅相机不需要光学补偿器，利用脉冲频闪光源的短暂照明得到分幅图像。光源的脉宽和胶片线速度应匹配，以便得到清晰图像。

7.3.4.3　鼓轮式高速扫描相机

这种相机的结构原理如图 7-7 所示。被摄物体 1 经物镜 2 成像在狭缝 3 上，由狭缝 3 切取的图像经物镜 4 成像在鼓轮 5 的胶片上，获得扫描图像。图 7-7 右上方表示胶片上沿狭缝方向运动光点的扫描轨迹。v_F 为胶片运动的线速度。美国 Cordin 公司生产的 Model-70 型相机是这类相机的典型代表，鼓轮在 133.3Pa 的真空中旋转，胶片的线速度达 300m/s，图像尺寸为 70mm×1000mm，相应的时间分辨本领为 4×10^{-8} s。

当把这种相机用于同步弹道摄影时，也称它为同步弹道鼓轮式高速相机。所谓同步弹道摄影，是指被摄物体如炮弹、火箭等飞行体在相机胶片上所成图像的运动方向与胶片运动方向一致，两者速度尽可能相等，在胶片上形成相对静止图像。飞行体垂直于狭缝方向

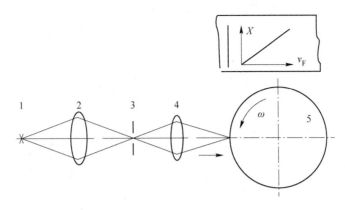

图 7-7 鼓轮式高速扫描相机结构原理

1—被摄物体；2，4—物镜；3—狭缝；5—鼓轮

飞行，依次通过狭缝，得到先后曝光形成的大尺寸单幅图像。由此可求出飞行体速度、俯仰角、偏航角、攻角等重要姿态数据，或观察其表面状况以及某些部件分离时的情况。这种摄影方法在外弹道测试工作中很有实用价值，并获得了广泛的应用。浙江大学曾研制了外鼓轮式 XG-Ⅰ和 XG-Ⅱ型相机。西安机光所曾研制了内鼓轮式 XF-70 型相机，西安工业学院曾研制了 GXS-1 和 GXS-2 型相机。

当然，并不是只有鼓轮式相机才可用于同步弹道摄影，实际上任何一种光学补偿式相机，结构上稍做改变都可实现同样的目的。

7.3.5 脉冲光源多幅高速相机

拍摄自身不发光的物体时，需要光源照明，光源发光持续期即决定了底片上图像的曝光时间。利用闪光灯照明的单幅相机，就是一个最简单的例子。但是，对科学摄影起过重要作用的还是脉冲光源多幅高速相机，或称为 Cranz-Schardin 高速相机。这种相机早就在气动力学实验中应用，后来在高速光弹性实验研究中，国内外曾一度采用这种结构形式的高速相机。

图 7-8 是这种相机用于阴影摄影的原理：几个独立的脉冲电火花光源 1，2，3 经场镜 4 会聚后照明被摄目标 5。与光源对应的照相物镜 6，7，8 分别瞄准被摄目标 5 附近的某个基准面成像在胶片 9，10，11 上，获得阴影摄影。照相物镜的光瞳与光源通过场镜 4 共轭。这样，光源与照相物镜一一对应，随着光源依次发光，在底片上依次得到一系列阴影图像。当使用脉冲电火花光源时，曝光时间可达亚微秒量级，总幅数 16 幅左右。用激光照明，可以大大缩短单幅曝光时间。天津大学研制的序列脉冲 Q 开关红宝石激光源和等待式扫描相机结合，是上述高速相机的进一步发展。由它获得多幅激光脉冲照明图像，单幅曝光时间短（纳秒量级），故因扫描引起的图像模糊可忽略不计。激光照明光源的单色性和高强度，使它可以穿过烟雾，得到被摄物体清晰图像。当被摄物体本身发光时，选用合适干涉滤光片，即可抑制本身的光亮度。

7.3.6 转镜式高速相机

转镜式相机按其与被摄对象之间的联系来区分，可分为等待式和同步式两种。按其拍

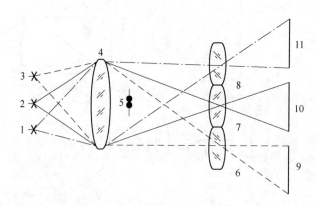

图 7-8 脉冲光源多幅高速相机

1～3—脉冲电火花光源；4—场镜；5—被摄目标；6～8—照相物镜；9～11—胶片

摄结果的不同形式，又可分为扫描相机和分幅相机两类，有时也把分幅和扫描同时组合在一台相机上，称为同时扫描、分幅相机。扫描相机的时间分辨本领为 $10^{-5}\sim10^{-9}$s；分幅相机的摄影频率为 $10^5\sim10^7$fps。其低端正好与鼓轮式高速相机的高端衔接。

使用等待式相机时，被摄对象可以主动在任何时刻发生。无论它何时出现，相机均应拍摄到图像。同步式相机则不然，只有当相机中的反射镜处于把光线反射到胶片上的位置时，被摄对象才能发生，否则就记录不到图像。即被摄对象的出现时刻应由相机控制。

一般说来，扫描相机记录一维空间（x）随时间 t 的变化，获得 $x=f(t)$ 连续图形。虽然它的空间信息有限，但时间信息是连续的，并有高的时间分辨本领。分幅相机获得二维空间（x,y）随时间的变化，即 $S(x,y)=f(t)$，但时间信息是间断的，时间分辨本领比扫描相机约低二个量级。图 7-9 表示这两种相机时、空信息获取情况。图 7-9（b）中时间轴上的每一"薄片"表示一幅图像。

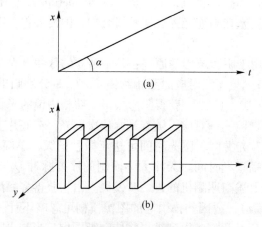

图 7-9 转镜式高速相机的时空信息

（a）扫描相机；（b）分幅相机

转镜式高速相机的胶片容量一般均在 1m 以下。胶片规格多数为 135 型，少数相机也用 120 胶片。同时扫描、分幅相机有两条胶片，一条记录扫描图形，另一条记录分幅图形。两者的时间坐标参考点一致，可用于研究较复杂的高速运动过程。这类相机，我国从 1958 年开始研制，无论是相机整机研制水平还是应用技术方面都比较成熟。国外商品以美国的 Cordin 公司生产的产品最为齐全，性能指标也较好。

7.3.7 网格式高速相机

这是一种比较特殊的高速摄影设备，先讨论它在胶片上分幅成像的原理。众所周知，图像是由许多不连续的像点组成。或者说，是由许多灰度不同的像点（或称像素）组成的阵列。网格式高速相机利用图像构成的这一特点，把多幅图像安排在同一张底片上，然后经过还原获得一系列单幅图像。如图 7-10 所示，像素 A 按一定规则排列在底片上，组成一幅图像。下一幅图像则通过所有的像素 A 沿 K 方向移动至相邻像素 B，于是所有的像素 B 组成另一幅图像。继续移动诸像素，直至将要产生重复曝光为止。按照目视图像的要求，一张 37mm×27mm 照片，只要其中包含 10^4 像素，就可成为一幅较清晰的照片。

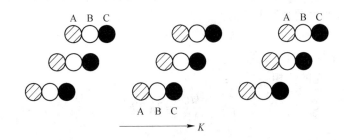

图 7-10 网格式高速相机成像原理

实际网格相机中的像素，由相机中网格板产生。这些像素与上面所述略有不同。网格板前方物镜将被摄物体成像在小透镜的前焦点，故小透镜出射平行光，并在紧靠其后的胶片上形成像素。因此，一幅图像上有多少像素，网格板上也就需要同等数量的小透镜。由于相邻两幅图像只需移动一个像素距离，故能获得很高的摄影频率。国外已达到 10^9 fps，而且图像尺寸大，幅数多。我国龚祖同教授，曾对相机中的关键部件网格板的制作提出了新颖的设计思想，他建议采用自聚焦光纤透镜做成网格板，使网格高速相机具有下列性能：摄影频率 $5×10^{10}$ fps，图像尺寸 12mm×9mm，总幅数 3000，分辨率为 40lp/mm。这一方案曾在 1978 年第 13 届国际高速摄影和光子学会议上获得好评。

7.3.8 克尔盒高速相机

基于克尔效应做成的克尔快门，如图 7-11 所示：装有平板电极和液体电介质的容器 C 放在偏振方向互相垂直的起偏器 N_1 和检偏器 N_2 之间，由光源 L 发出的自然光经起偏器 N_1 后变成平面偏振光。当容器中极板上未加电压时，是一个各向同性的透光盒，故平面偏振光不能通过 N_2 射出。如果在极板上施加电压，则液体电介质立即成为各向异性的双折射物质，进入容器中的平面偏振光分解为振动方向互相垂直的 o 光和 e 光，适当选择极板间的间隔、极板长度和所加电压幅度，可使 o 光和 e 光经容器 C 后成为能继续通过 N_2 的各种偏振光，例如椭圆偏振光、圆偏振光或直线偏振光等。

实验指出，容器 C 中的极板加上电压形成电场后，e 光和 o 光的折射率 n_e 和 n_o 之

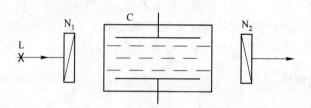

图 7-11   克尔盒快门构造原理

差为：

$$n_e - n_o = kE^2 \qquad (7\text{-}3)$$

式中 E——外加电场强度；

　　　　k——比例常数。

由式（7-3）可见，这种双折射效应和外加电场强度的平方成正比，因此与外加场强的方向无关。相应产生的光程差 δ 为：

$$\delta = (n_e - n_o)l = klE^2 \qquad (7\text{-}4)$$

式中 l——极板沿光轴方向长度。

于是，o 光和 e 光的位相差 φ 为：

$$\varphi = \frac{2\pi klE^2}{\lambda} = 2\pi BlE^2 \qquad (7\text{-}5)$$

式中 B——克尔常数；

　　　　λ——入射光波长。

入射平面偏振光通过已加电场的容器 C 后，光矢量的运动方程为：

$$\frac{x^2}{\cos^2 i} + \frac{y^2}{\sin^2 i} - \frac{2xy\cos\varphi}{\sin i\cos i} = a^2 \sin^2\varphi \qquad (7\text{-}6a)$$

其中 x，y 坐标及 i 角如图 7-12 所示，a 为入射平面偏振光的振幅。

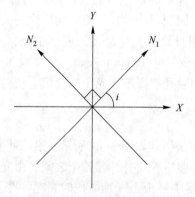

图 7-12 N_1，N_2 和外加电场方向

X—外加电场方向；Y—光轴方向；N_1—起偏器主振动方向；N_2—检偏器主振动方向

若外加电场使两光束的位相差 $\varphi = \dfrac{\pi}{2}$，$\dfrac{3}{2}\pi$，$\dfrac{5}{2}\pi$，…时，式（7-6a）便成为：

$$\frac{x^2}{a^2\cos^2 i} + \frac{y^2}{a^2\sin^2 i} = 1 \tag{7-6b}$$

这是标准的椭圆偏振光方程。当 $i = \dfrac{\pi}{4}$ 时，式（7-6a）进一步简化为：

$$x^2 + y^2 = \frac{1}{2}a^2 \tag{7-6c}$$

式（7-6c）为圆偏振光方程。

若 $\varphi = \pi$，3π，5π，$\cdots$时，式（7-6a）成为

$$\frac{x}{a\cos i} = -\frac{y}{a\sin i} \tag{7-6d}$$

当 $i = \pi/4$ 时，式（7-6d）表示经容器 C 后的出射偏振光，其振动方向正好与检偏器的主振动方向吻合，无阻挡地通过检偏器出射，这种情况称为克尔盒的完全打开。此时容器 C 极板上需施加的电压 V_0，称为完全打开电压。

$$V_0 = 300d \sqrt{\frac{1}{2Bl}} \tag{7-7}$$

式中　d——两极板间距离。

若 B 采用绝对静电单位，d 和 l 单位为厘米，则 V_0 为伏。正常使用情况下，克尔盒上施加的电压脉冲幅度，应是完全打开所需电压 V_0。且外加电压脉冲前后沿应陡峭，尽量减少平顶振荡，以维持良好的全开状态。

克尔盒高速相机以克尔盒快门作为高速快门，控制图像的曝光时间。一般说来，一台相机使用一个克尔盒快门，得到一幅图像。如需得到多幅图像，则要联用多台克尔盒相机。外加电脉冲的宽度基本决定了相机的曝光时间，通常可以获得亚纳秒量级的时间分辨本领。由于光的本质也是电磁波，故强光脉冲照射容器中的液体，也能导致克尔效应，称为光驱动克尔盒。如用锁模激光脉冲，则光驱动克尔盒高速相机的曝光时间可以达到 10^{-12}s。电驱动克尔盒都采用硝基苯（$C_6H_5NO_2$）作人工双折射液体，因为它的克尔常数大。光驱动克尔盒则用二硫化碳，因为它的弛豫时间（加上光脉冲至出现双折射效应的时间）短，约为 2ps。

无论光驱动还是电驱动克尔盒，都有比较严重的问题。首先，光能通过克尔盒快门的损耗大，一般要衰减一个量级左右，因此弱光过程不宜采用。其次，漏光现象严重，当快门关闭时，仍有 $10^{-4} \sim 10^{-3}$ 的透过率。故被摄物体发光持续期较长时，也不宜采用。

7.3.9　变像管高速相机

变像管高速相机以变像管作为基本的图像转换器件，被摄物体经光学系统成像在变像管的光阴极上，将光学图像转变为电子图像。通过电磁场对电子束进行加速、聚焦、通、断、偏转等控制以后，电子束轰击荧光屏，重又获得可见光图像。变像管相机的组成一般包括：输入输出光学系统，变像管，控制和图像数据处理系统。选择不同类型的变像管光阴极，便可响应红外、可见光、紫外和 X 射线等不同波段的输入光学图像。除此而外，变像管高速相机还有下述特点：

（1）时间分辨本领高。因为它是用电磁场对电子图像实行控制，因此动作快，是当

今高速摄影设备中，具有最高时间分辨本领的设备之一。在研究皮秒和亚皮秒快速过程的空间信息随时间变化情况时，它几乎是唯一有效的手段。随着图像质量的改善，用它研究纳秒、微秒或毫秒量级的快速过程，也日益增多。

（2）光增益高。通过电子束在变像管内的加速以及专门的像增强器，使最终图像具有较高的光增益。为研究弱光快速过程创造了条件。

（3）变像管高速相机的光学系统都有很高的光力，有时甚至直接用大数值孔径的光纤面板与图像耦合，故传输图像过程中的光能损失少。

（4）图像数据处理容易实现自动化。鉴于变像管荧光屏的面积有限，位置固定，对此图像做进一步的数据处理较为容易。

所有这些特点，使变像管高速相机在高速摄影技术中占有极重要的地位。与光学机械式设备相比，它主要的不足之处是空间信息容量少，图像质量差和设备的使用寿命短。

图 7-13 是带有实时图像数据处理系统的扫描相机方框图，被摄物体经输入光学系统成像，变像管荧光屏上的扫描图形由硅靶增强管电视摄像机依时序转变为视频信号，此信号经视频放大器后可直接在电视监视器上显示。另一路则经快速 A/D 变换，由微处理机控制贮存在帧存储器内。处理后的帧存储器图形经 D/A 变换在电视监视器上显示数据和曲线，也可通过微处理机的外围设备画出曲线或打印数据。还可通过接口和主计算机连接，做进一步的计算和处理。操作者通过字符显示器键入指令，启动磁盘驱动器，磁盘上的软件程序对微处理机数据分析实行控制。这种图形数据处理系统，日本人称之为 TA（时间分析器），美国人称之为 OMA（光学多道分析器），德国有 OSA（光学光谱多道分析器），其作用都大同小异。

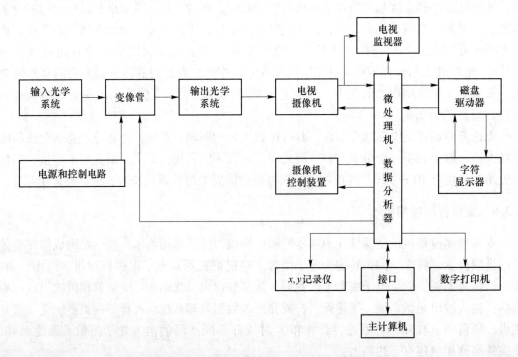

图 7-13　典型变像管扫描相机组成框图

7.3.10　高速全息摄影

借助于参考光及其相干光照明物体后的散射光（物光）之间的干涉，把物光波存贮于底片上，即为全息术。由干涉条纹构成的全息图，包含了被存贮物光波的振幅和相位信息。经参考光照明后的衍射过程，重现了被摄物体的三维形态，还原了它的全部信息。全息术虽然相对年轻，但已在很多应用领域表现出它的生命力。不过，就高速全息摄影而言，也遇到了严重阻碍：如果被摄物体朝着记录底片方向快速运动，在形成全息图的曝光时间内，使物光和参考光获得 $\lambda/2$ 附加光程差时，底片上干涉条纹就会全部消失，代之以一片均匀曝光。尽管可以用缩短曝光时间和改变物体运动方向等方法减小附加光程差，从而适当提高运动物体的速度，但速度提高终究有限。

高速全息摄影要求记录多幅全息图。把多幅全息图记录在同一张底片上的方法很多，最简单的一种就是改变参考光和物光之间的角度。图 7-14 是转镜式分幅激光全息相机的结构原理，序列脉冲 Q 开关红宝石激光器 1 经扩束镜 2、分光镜 3 后分成两路：反射光照射被摄物体 4，成为物光束，并经固定反射镜 5 到达全息底片 6。分光镜出射的透射光即为参考光，经旋转反射镜 7 依次反射到各固定反射镜 M_1、M_2、…上，并由后者反射到全息底片与物光相干。每块固定反射镜 M 使参考光相对于物光以不同角度到达全息底片，从而在同一张底片上获得多幅全息图。本例中从 $M_1 \sim M_{10}$ 共获得 10 幅全息图。显然，图上的转镜 7 和序列脉冲 Q 开关应同步运转，才能记录到全息图。为此，在固定反射镜 M 的一侧放置光电转换器（图 7-14 上未画），当它接受参考光时即发出电信号，用此控制序列脉冲 Q 开关的启闭。将全息底片冲洗后放回原位，用氦氖激光代替红宝石激光源，转动反射镜 7 即获得各分幅图像。这种全息相机，虽然单幅全息图的曝光时间很短，但序列脉冲的时间间隔不可能太短，故已达到的摄影频率约为 $10^5\,\mathrm{fps}$。

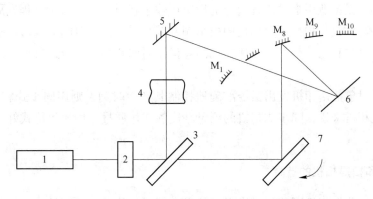

图 7-14　高速分幅全息相机

1—红宝石激光器；2—扩束镜；3—分光镜；4—被摄物体；5—固定反射镜；
6—全息底片；7—旋转反射镜

作为全息术的重要应用，全息干涉计量术已广泛用于流场分析、应力波传播研究、温度场测试和无损检测等方面。全息干涉计量方法主要是实时法和双曝光法。实时法先用全息相机记录物体的初始状态，就地处理好全息底片后，重新打开全息相机光路，参考光照射全息图，再现被摄物体初始物光波。此时，若物体状态连续变化，则初始物光波和连续变化物光波相干涉，形成干涉条纹。不同时刻干涉条纹的形状，实时反映了被摄物体的变化程度，即为实时全息干涉计量。若被摄物体高速变化，需用高速分幅相机记录干涉条纹图样的变化，称为实时高速全息计量。可见它是实时全息和高速摄影技术的结合，是一种很有实用价值的定量分析方法。

7.4　高速摄影仪器类型和应用参数的选择

随着我国科学技术和工农业生产的迅速发展，涌现出大量问题需要用高速摄影方法予以解决。因此，如何选择合适的高速摄影设备、正确设置相机的性能参数、合理选用附加装置，是需要加以讨论的问题。但是，由于用户的使用目的千差万别以及高速摄影设备本身技术性能的局限性，很难归纳出万能的方法，只能具体问题具体分析，以下几点仅供参考。

7.4.1　等待式或同步式的确定

科学研究和工农业生产中的大量问题，多半难以用相机发出指令控制被摄对象的产生时刻，这就需用等待式或准等待式相机进行拍摄。准等待式相机是指记录介质（胶片、磁带或内存）的容量大，可以先启动相机，用消耗一定数量的记录介质等待被摄对象的出现。间歇式相机、光学补偿式相机和高速录像设备均可认为是准等待式相机。等待式相机则是指鼓轮相机、特殊设计的转镜式相机和变像管相机等。不管是等待式相机还是准等待式相机，均可适应被摄对象的随机发生。

有时，被摄对象虽也能由相机控制，但起始时刻的漂移很大，这种情况也只宜用等待式相机。例如拍摄工业用毫秒雷管起爆的后续爆炸过程时，鉴于后续过程发展较快，需要选择摄影频率高的仪器拍摄。但相机的摄影频率越高，总记录时间就越短。毫秒雷管本身的漂移时间为毫秒量级，与某些高速相机的总记录时间相当，甚至还要长，因此同步式相机无法应用。

如果被摄对象能由相机发出指令准确地控制其产生时刻，则用同步式相机较为合适。特别对转镜式相机来说，同步式相机的测量精度和成像质量，均比等待式好，相机结构也比较简单。

7.4.2　分幅和扫描相机的选择

如前所述，分幅相机可获得二维空间信息，但时间信息是间断的；扫描相机取得连续的时间信息，空间信息却是一维的。一般来说，同一类型的相机中，扫描相机的时间分辨本领至少要比分幅相机高两个数量级，故可以得到更高的时间测试精度。因而只有确需拍摄平面或立体图像时，才采用分幅相机。其他情况应尽可能选用扫描相机。选择适当的测试方法，例如采用点栅法和多狭缝法等，可使扫描相机获得平面上不同方向的多点信息。若使用光纤探测技术，扫描相机甚至可以获得不连续的三维空间信息。可见，测试技术的研究可以更充分发挥相机的技术潜力。

7.4.3 相机类别的选择

一般说来，根据被摄对象的发展速度选择合适的相机。按照发展速度，测试工作者可以确定需要的最小时间分辨本领 Δt 和总记录时间 T。扫描摄影时由 Δt 和 T 可直接选定相机类型。分幅摄影时，令 $f_\omega \approx \dfrac{1}{\Delta t}$，则 f_ω 即为大致所需的摄影频率。如果被摄对象按一定的特征周期 ΔT 作重复运动，实践指出，应使 $f_\omega = \dfrac{10}{\Delta T}$ 才能满足测试要求，由 f_ω 和 T 即可选择高速分幅相机的类型。

高速相机类别确定后，还应注意该类中各种不同型号相机性能的差异。一台高速相机十分昂贵，自然要求它具有较好的通用技术性能，适应一机多用的要求。如相机主物镜种类的多少，各种附件及更换件的配备情况，与专用附加装置（如纹影装置，光谱、干涉和立体装置等）连接的方便性等。

7.4.4 扫描速度和摄影频率的最终确定

确定了相机类别后，对于相机具体应用技术参数的确定，可按以下步骤：

首先，根据被摄对象最终尺寸充满相机像方线视场的原则，确定摄影物距和物、像之间的放大倍率 M（像高与物高之比值）。做这一步计算时，有时会对相机的光学系统组合焦距提出不合理的要求。例如，爆炸实验时，往往要观察大药量爆炸装置的局部区域发展情况。因为是大药量装置，为安全起见，需放在离相机较远处，又因为只观察局部区域，则又要求物距尽可能短，使物像间的放大倍率接近 1。这是互相矛盾的要求，只能采用场外光学系统，事先对被摄对象加以放大，再用高速相机记录。

其次，当放大倍率确定后，对于高速扫描相机，应进一步根据测试精度的要求，选定合理的扫描速度 v_s，而这又需视具体情况确定。例如，当测定被摄对象的位移随时间变化以便得到运动速度时，应尽量使位移曲线的平均斜率接近 1，即 $\tan\alpha = 1$（角 α 见图 7.9（a））。

因为：

$$D = \frac{v_s}{M}\tan\alpha \tag{7-8}$$

当 $\tan\alpha = 1$ 时，有：

$$v_s = MD \tag{7-9}$$

式中，D 为被摄对象的实际扩展速度，事先可以预估。已知 M 和 D，即可按式（7-9）求出 v_s。

如果扫描相机用于时间间隔测量（这是很普遍的使用状况），则事先应根据所要求的测试精度，提出合理的时间分辨本领 τ，再计算出扫描速度：

$$\tau = b'/v_s \tag{7-10}$$

式中，b' 为相机最终像面上狭缝的宽度。在能记录到合适黑密度图形的条件下，b' 应尽可能窄，即由经验选定 b'，再由 b' 和 τ 按式（7-10）确定 v_s。

对于高速分幅相机，在放大倍率 M 确定后，应进一步根据限制胶片上像移的要求，确定正式采用的摄影频率 f'_ω：

$$f'_\omega \geq \frac{MGD}{\Delta} \qquad (7\text{-}11)$$

式中，Δ 为相机最终像面上图像曝光时间内允许的移动量。一般取 $\Delta = 1/N$。N 为图像的动态摄影分辨率，lp/mm；G 为快门开关系数。式（7-11）右边各量均已知或事先可预估，故 f'_ω 即可求出。间歇式、光学补偿式和鼓轮式高速分幅相机的 G 值有较大调节余地，选择合适的 G 值，往往可以降低对摄影频率的过高要求，这是这类高速相机的优点。

7.4.5 胶片感光度的估算

初次使用相机的实验工作者，所需胶片感光度固然可从多次实验中确定，但事先估算，可减少胶片的损耗，提高工作效率。估算时应已知被摄对象的光亮度或照明状况。当相机光学系统为单个物镜时，像面上照度为：

$$E = \frac{1}{4}\pi Bk\left[\frac{1}{F(1+M)}\right]^2 \qquad (7\text{-}12)$$

式中 B——被摄物体亮度；

       k——摄影光学系统透过率；

       F——摄影物镜的 f 数。

像面上像素的曝光时间，对扫描相机来说即为时间分辨本领 τ，而对分幅相机则为 G/f'_ω，所以像素的曝光量 H 为：

$$H = \frac{1}{4}\pi Bk\left[\frac{1}{F(1+M)}\right]^2 \frac{G}{f'_\omega} \qquad (7\text{-}13)$$

或 $$H = \frac{1}{4}\pi Bk\tau\left[\frac{1}{F(1+M)}\right]^2 \qquad (7\text{-}14)$$

经验表明：使用黑白胶片时，为了便于精密测量，要求底片上图像黑密度为 1.8（包括灰雾黑密度）左右。因此，由式（7-13）和式（7-14）计算出的曝光量与胶片的感光特性曲线比较，即可确定所需胶片的灵敏度。

7.4.6 附加快门的选择

鼓轮式、转镜式、网格式等类高速相机实际应用时，为了防止胶片重复曝光，或防止背景光长期作用在胶片上导致灰雾的增加，需要根据被摄对象发光时间的长短、相机的总记录时间和背景光情况，分别选用快开快门和快关快门。快开快门在同步式相机中一般不用，但在等待式相机中不可缺少，以防照明光源和背景光对胶片的长期作用。克尔盒快门、金属箔电磁斥力快门或膜层气化快门等，均属于快开快门。它们的动作时间，除了克尔盒快门外，均为微秒量级。典型的快关快门有爆炸快门（置于相机内部）和爆炸粉末快门（置于相机外部），它们的动作时间均为微秒量级。用户需视具体情况，选用合适的快门装置。但最好少用克尔盒快门和爆炸快门。前者除了技术较复杂之外，对光能损失也大。后者除了损失光能外，还会降低相机的像质。

7.5　数字激光高速摄影系统

本节以中国矿业大学（北京）力学与建筑工程学院光测力学实验室的数字激光高速摄影系统为例，介绍高速摄影系统的组成和原理。本系统主要由激光器、扩束镜、场镜和高速数字相机、电脑组成，如图 7-15 所示。激光束、扩束镜、场镜的主轴和高速相机均位于同一水平线上，扩束镜位于场镜 1 的左焦点处，高速相机位于场镜 2 的右焦点处。激光器发出的激光束经扩束镜变为发散光，再经场镜 1 变成平行光束，该平行光束经场镜 2 汇聚成像在高速相机镜头中，高速相机对平行光场内的某一竖直平面进行聚焦拍摄。场镜 1、场镜 2 为凸透镜，其镜面直径越大，产生的平行光场越大，即实验可观测的视野越大；该凸透镜的焦距宜与相机镜头焦距、光圈等参数相配合。本系统采用的场镜 1 和场镜 2 为直径 300mm、焦距 1500mm 的平凸透镜。

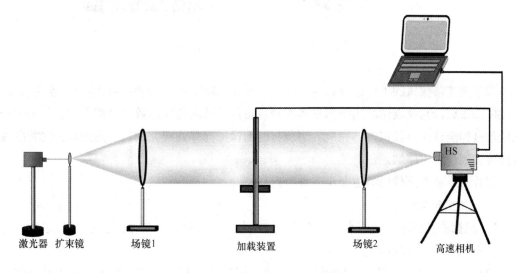

激光器　扩束镜　　　　场镜1　　　　　加载装置　　　　　场镜2　　　　高速相机

图 7-15　数字激光高速摄影系统

7.5.1　数字高速相机

在爆炸测试研究中，爆炸作用下材料的应变率通常可达到 $10^4/s$ 以上，属于瞬间非线性变形问题。因此，对于高速相机而言，要实现对瞬态爆炸现象的捕捉，必须满足两点要求：一是拍摄速度必须达到 $10^4/s$ 以上才能成功拍摄爆炸后材料的动态变化过程，要求相机的曝光时间足够短；二是要记录到爆炸现象，必须保证爆炸加载和实验记录的同步性。本系统采用日本 Photron 公司生产的 Fastcam SA5（内存 16G）型高速数码相机，如图 7-16 所示，其最大拍摄速度为 10^6 fps，最小曝光时间为 532ns，可以满足爆炸过程拍摄的要求。当相机的拍摄速度为 10^5 fps 时，图像的最大分辨率为 320×192 像素，最大记录时长为 1.86s，最大曝光速度为 369ns。同时，该相机还配有信号输入/输出端口，方便与外部设备连接实现同步控制。该相机的自动触发方式有上升沿触发、下降沿触发和中间触发 3 种方式，对于爆炸实验，为了完整拍摄爆炸过程，一般采用下降沿触发方式。同时，该相机配备了多个 Nikon 卡尼尔 AF 系列长/短焦系列镜头，可实现对拍摄视场的大幅度调整。实验过程中，可根据拍摄区域、像素分辨率、记录时长等综合考虑拍摄参数。

图 7-16   Fastcam SA5 高速摄像机

数字高速摄像机的工作原理：高速摄像机通过 CMOS 或 CCD 传感器感受外界光信号，通过内部集成的高速或超高速图像采集控制器将信号送入高速的数字处理器中，复杂的图像处理过程全部在摄像机内部完成。当所有的图像捕捉并处理完成后，通过以太网将图像直接传输到计算机终端。

实验时，高速摄像机的主要设置参数包括：

（1）拍摄帧频设置。

1）根据测试要求，确定水平和垂直方向的拍摄空间范围 x 和 y，根据 CCD 芯片成像区尺寸 $a \times b$ 计算影像放大比 $\beta = a/x$。

2）根据目标尺寸 L 及影像放大比，计算目标像尺寸 $L' = L \times \beta$，要求目标像在任何方向都能覆盖 3～10 个像元。

3）根据安全因素确定布站距离 S。

4）根据目标速度 v 和 CCD 像元尺寸确定拍摄频率，要求摄像频率应满足像移量要求，即由于目标运动引起的像移量不应大于所允许的运动模糊量 d（可以看成允许像元数），由此可推出摄像机拍摄频率 $F = \beta v/d$。

5）根据计算出的拍摄频率要求和存储器容量，计算摄像机总的记录时间。

（2）触发方式。根据具体使用情况，可采用零时信号、光学信号、声音信号和人工触发方式。

（3）曝光时间。曝光时间应满足摄像机曝光量和像移量的要求。

（4）摄像机布站位置。摄像机布站时，应首先考虑安全因素，然后通过选择合适的焦距满足拍摄视场要求。

Fastcam SA5 相机的性能参数见表 7-1。

表 7-1　Fastcam SA5 部分性能参数表

帧数/fps	最大分辨率/像素	最大曝光速度	拍摄时长/s
1000	1024 × 1024	1μs	10.92
5000	1024 × 1024	1μs	2.18
10000	1024 × 744	1μs	1.5
50000	512 × 272	1μs	1.64
100000	320 × 192	1μs	1.86
150000	256 × 144	1μs	2.07
300000	256 × 64	1μs	2.33
775000	128 × 24	1μs	4.81
1000000	64 × 16	369ns	11.18

7.5.2　激光光源

要实现对爆炸等高速动态过程的拍摄，光源需要满足 3 个条件：一是应具有足够的光强，使相机在短时间内得到足够的曝光量；二是光强能够持续一定时间，以满足动态连续拍摄的要求；三是光的波长与高速相机的感光灵敏性相适应。经过调试，在众多类型光源中，具有单色性、相干性、方向性、稳定性和高亮度等特点的激光能满足上述要求。因此系统选用小巧方便、稳定、价廉的半导体泵浦固体绿光激光器作为光源，如图 7-17 所示。该激光器的输出功率为 0 ~ 200mW，可以满足多种拍摄速度要求；绿色激光波长为532nm，是 Fastcam SA5 型高速相机 CMOS 的最敏感光波波长，且为连续工作方式，可实现最优化匹配。

图 7-17　泵浦激光器

7.6 常用高速相机介绍

7.6.1 一体式高速摄像机 Kirana

一体式高速摄像机 Kirana，如图 7-18 所示。

图 7-18 一体式高速摄像机 Kirana

7.6.1.1 产品说明

Kirana 超高速摄像机拥有由英国 SI 公司和顶尖研究所合作研发的独特的传感器，完美结合了摄像技术的灵活性和超高速分幅相机的超高分辨率，同时具备超高拍摄速率和超高灵敏度，除此之外，还拥有最新的驱动电路、内存管理和机械设计，Kirana 超高速摄像机为全世界的超高速摄像机应用领域带来新的亮点。

全分辨率支持所有的拍摄速率。在循环速率 250ms 内可记录 11 个事件。在 1000fps 拍摄速率下可存储长达 2s 的视频。

7.6.1.2 产品参数

一体式高速摄像机 Kirana 的产品参数见表 7-2 和表 7-3。

表 7-2 Kirana 相机产品参数一

型 号	Kirana-01M	Kirana-05M	Kirana-10M
帧速率/MHz	1	5	10
曝光时间（最小）	1μs	100ns	100ns

表 7-3 Kirana 相机产品参数二

传感器参数		
传感器结构	μ CMOS	
传感器尺寸/mm×mm	28 ×20	
像素数（$W \times H$）	924 ×768	

续表 7-3

像素大小/μm	30
图像深度/位	10
记录帧数/帧	180（连续 2 秒@ 1000fps）
曝光时间	100ns ~ 1/帧速率（10ns 递进）
光学参数	
镜头安装	尼康 F 口
输入输出	
触发（2 中断）	电信号（BNC 接头）；最大输入 50V；阈值范围 ±25V；正或负脉冲；通靶、断靶；50Ω 或 1kΩ 终端电阻
视频输出	XGA
Aux 输出	Fsync 或用户自定义脉冲宽度和位置，TTL，50Ω
同步输入	允许多台摄像机同步
控制接口	通过标准千兆以太网远程控制
控制软件	自定义控制软件，兼容 Windows7
交流电源	100-240VAC，2A，50 ~ 60Hz
环境参数	
体积/cm³	41.6 × 22.8 × 19.2
重量/kg	10.5
工作温度/℃	− 5 ± 40
储存温度/℃	− 10 ± 50
湿度	10% ~ 90% RH 无冷凝
电磁兼容	符合 EC 全部标准

7.6.2 一体式高速摄像机——FASTCAM Nova

一体式高速摄像机 FASTCAM Nova（小巧型 + 高性能 + 高速传送）如图 7-19 所示。

图 7-19 一体式高速摄像机 FASTCAM Nova

7.6.2.1 产品说明

FASTCAM Nova 是一款兼顾了超高速摄像性能和小型轻巧的外观的高速摄像机。它拥有 120mm(W) × 120mm(H) × 217.2mm(D) 的小巧外观，仅重 3.3kg，轻巧密闭机箱，1024 × 1024

像素 16000fps、640×480 像素 48000fps，可以达到 220000fps 的高性能拍摄速度。

此外，还实现了黑白感度 ISO 64000/彩色感度，16000 超高感度，可以应用于拍摄燃烧、切削、溶解等各种场合。

7.6.2.2 产品参数

FASTCAM Nova 相机产品参数见表 7-4，FASTCAM Nova 相机摄像性能参数见表 7-5。

表 7-4　FASTCAM Nova 相机产品参数表

品　名	FASTCAM Nova S16		FASTCAM Nova S12		FASTCAM Nova S9		FASTCAM Nova S6	
传感类型	黑白	彩色	黑白	彩色	黑白	彩色	黑白	彩色
Max 分辨率	1024×1024							
Max 拍摄速度（全帧）/fps	16000		12800		9000		6400	
Max 拍摄速度（分帧）/fps	220000：256×128 像素		200000：256×128 像素		200000：128×128 像素		200000：128×128 像素	
Min 曝光时间/μs	1.5							
ISO 感度	黑白：ISO 64000；彩色：ISO 16000							
灰度色标	黑白：A/D 变换 12bit 彩色：A/D 变换 36bit（RGB 各 12bit）							
内存容量	8GB、16GB、32GB、64GB 可选							
数字接口	Gigabit Ethernet，FAST Drive							
镜头接口	F 接口（针对 G 型镜头）、C 接口、EF 接口（选配）							
触发模式	开始，中心，结束，手动，随机，随机复位，随机手动							
外部信号	输入：触发（TTL/开关）、同步信号、ready 信号、event 信号、IRIG； 输出：触发、同步信号、ready 信号、曝光中信号、记录中信号							
外部同期信号	输入：+3.3～+12Vp-p 负极性/正极性（可切换）；输出：5Vp-p 负极性/正极性（可切换）							
视频信号输出	HD-SDI							
主要功能	双斜率快门、自动曝光控制、可变拍摄速度/分辨率、分辨率锁定模式、风扇控制、可变频率同步、 信号延迟设置、SYNC OUT 放大设置、事件标记、快门锁定模式、机械快门控制、 录制中保存、内存分割（Max128 个分割），对焦/光圈控制（选配 EF 卡口时）							
摄像机机箱	带风扇密闭机身							
外形尺寸/重量	120mm(W)×120mm(H)×217.2mm(D)/3.3kg（不含突起部分）							
保管温度/湿度	-20～60℃/85% 以下（无结露）							
工作温度/湿度	-10～45℃/85% 以下（无结露）							
AC 电源	100～240V，50～60Hz，170W							
DC 电源	22～32V；150VA							
操控用软件	PFV4（Photron FASTCAM Viewer 4）							
标准配件	电源适配器×1、AC 电源线×1、DC 电源线×1、F 接口（对应 G 型镜头）×1、C 接口×1、 镜头更换调整用六角扳手×1 个、LAN 线×1、相机操控软件 PFV×1、 各种操作手册×1 部、出厂合格证×1 部							
选配件	专用便携箱，EF 镜头（遥控镜头）选配件，FAST Driver 支架，FAST Drive 电缆（30cm）， FAST Drive 1TB 或者 4TB，FAST Dock，备用电源连接器（可定制）、法兰盘调整用垫片							

表 7-5 FASTCAM Nova 相机摄像性能参数表

解析度（像素）	FASTCAM Nova S16					FASTCAM Nova S12					FASTCAM Nova S9					FASTCAM Nova S6				
	拍摄速度/fps	记录时间/s				拍摄速度/fps	记录时间/s				拍摄速度/fps	记录时间/s				拍摄速度/fps	记录时间/s			
		8GB机型	16GB机型	32GB机型	64GB机型		8GB机型	16GB机型	32GB机型	64GB机型		8GB机型	16GB机型	32GB机型	64GB机型		8GB机型	16GB机型	32GB机型	64GB机型
1024×1024	16000	0.34	0.68	1.36	2.72	12800	0.42	0.85	1.70	3.41	9000	0.60	1.21	2.42	4.85	6400	0.85	1.70	3.41	6.8
1024×768	20000	0.36	0.73	1.45	2.91	18000	0.40	0.80	1.61	3.23	12000	0.60	1.21	2.42	4.85	9000	0.80	1.61	3.23	6.4
1024×512	30000	0.36	0.72	1.45	2.91	25000	0.43	0.87	1.74	3.49	18000	0.60	1.21	2.42	4.85	12800	0.85	1.70	3.41	6.8
768×768	26400	0.36	0.73	1.46	2.94	22500	0.43	0.86	1.72	3.45	15000	0.64	1.29	2.58	5.17	10000	0.96	1.93	3.87	7.7
640×480	48000	0.38	0.77	1.55	3.10	40000	0.46	0.93	1.86	3.72	25000	0.74	1.48	2.97	5.96	20000	0.93	1.86	3.72	7.4
512×512	50000	0.43	0.87	1.74	3.49	40000	0.54	1.09	2.18	4.36	30000	0.72	1.45	2.91	5.82	2500	0.96	1.93	3.87	7.7
384×384	82500	0.46	0.93	1.88	3.76	64000	0.60	1.21	2.42	4.85	45000	0.86	1.72	3.44	6.90	36000	1.07	2.15	4.31	8.8
256×256	144000	0.60	1.21	2.42	4.85	115200	0.75	1.51	3.03	6.06	80000	1.09	2.18	4.36	8.73	64000	1.36	2.72	5.45	10.0

7.6.3　分离式高速摄像机——FASTCAM Multi

7.6.3.1　产品说明

分离式高速摄像机 FASTCAM Multi 如图 7-20 所示。该相机为多通道，小型外观，适用于多角度拍摄或者 3D 视频解析。主控制器上有两个摄像头接口，可以简单实现 2 台摄像机同时拍摄。十分适合多角度拍摄或 3D 视频解析。

图 7-20　分离式高速摄像机 FASTCAM Multi

小型轻量的标准摄像头［HS-01］仅重 0.98kg，在 1280×1024 像素下到达到 4800fps、最大 200000fps 的高性能拍摄，使用选配件［FAST Drive］更能实现高速长时间摄像。本产品无论是在制造业中针对研究开发、设计、品质管理、关键性技术开发，抑或是在学术界的理工学、医学、航空宇宙行业等领域，都可以发挥其优势。

7.6.3.2　产品参数

FASTCAM Multi Unit 相机产品参数、配件参数、标准配件及选配件见表 7-6～表 7-8。

表 7-6　FASTCAM Multi Unit 相机产品参数表

	FASTCAM Multi Unit
摄像机主机	坚固 RV 构造（袋风扇密闭机身）＊搭载风湿停止功能
镜头 ch 数	1ch/2ch
存储容量	8GB、16GB、32GB 可选
容量分割	最大分割为 64 个
各种信号输入	输入：触发（TTL/开关）、同步信号、ready 信号、event 信号、IRIG 输出：触发、同步信号、ready 信号、曝光中信号、记录中信号
内部 DAQ （模拟波形测定）	分节能：12bit，输入 ch 数：2ch 最大采样频率：2MHz（10point/闪光自动采样） 输入电压：±2V/±4V/±8V（可通过操控软件切换） 输入式样：非绝缘；输入方式：单项；输入电阻；50Ω
外部同期信号	0～+12V（H 级别 +2.5～+12V）可变周波数同期可
数字接口	Gigabit Ethernet，FAST Drive 2TB
视频信号输出	VIDEO OUT（＊MiniDisplayPort、HDMI）；HD-SDI
外部操控	PC 端 Gigabit Ethernet 操控（标准配件中含有操控软件）；远程操控

续表7-6

操控用软件（PFV）	MFT 镜头选配件、专用嵌入式 LED 选配件的全体操控。 对应多个语种（日文、英文、法语、中文）。可以同时操控 DAQ 选配件和摄像机。 可以进行图像的摄影·保存·回放、各种图像处理、增益操控、文档切换
外形尺寸/重量	$260(W) \times 140(H) \times 223(D)$ mm/7.7kg（不含突起部分）
保管温度/湿度	$-20 \sim 60℃/85\%$ 以下（无结露）
工作温度/湿度	$0 \sim 45℃/85\%$ 以下（无结露）
AC 电源	$100 \sim 240V$，$50 \sim 60Hz$，266W
DC 电源	$22 \sim 34V$，240VA

表7-7　FASTCAM Multi Unit 相机配件参数表

摄像头	黑白	Camera Head HS-01 type 200K-M	$1280 \times 1024@4800$fps 最高 750000fps
	彩色	Camera Head HS-01 type 200K-C	$1280 \times 1024@4800$fps 最高 750000fps
*配件中含：F 卡口（针对 G 型镜头）、C 卡口			
摄像机电缆线	FASTCAM Multi Camera Cable 5m		标准摄像电缆线 5m
	FASTCAM Multi Camera Cable 10m		标准摄像电缆线 10m
	FASTCAM Multi Bulkhead Cable 5m		延长用摄像电缆线 5m
	FASTCAM Multi Bulkhead Cable 10m		延长用摄像电缆线 10m
*可与标准摄像电缆线的分割、延长电缆线的连接；最长可延长至 50m			

表7-8　FASTCAM Multi Unit 相机标准配件、选配件列表

	标准配件、选配件
标准配件	电源适配器×1、AC 电源线×1、DC 电源线×1、F 接口（对应 G 型镜头）×1、C 接口×1、镜头更换·调整用六角扳手×1 个、1/0 线×1、LAN 线×1、相机操控用软件 PFV×1、各种操作手册·质保证书×1 部
选配件	MFT 镜头（远程操控镜头）选配件、专用嵌入式 LED（附感应）、Main Unit 摄像机 ch 增设（1ch ~ 2ch）、摄像头单体追加、长距离电线、Main Unit 摄像机容量增设（8 ~ 16GB、8 ~ 32GB、16 ~ 32GB）、FAST Drive 2TB、FAST Drive 电缆，FAST Dock、专用便携箱、DAQ（波形测定器）选配件、各种视频解析软件

摄像头［HS-01］产品参数、摄像性能参数见表7-9 和表7-10。

表7-9　摄像头［HS-01］产品参数表

	Camera Head HS-01
摄像机机身	坚固 RV 构造（带风扇密闭机身）＊搭载风扇停止功能
分辨率	1280×1024 像素 CMOS 图像传感器
最高拍摄速度（全帧）/fps	4800
最高拍摄速度（分帧）/fps	200000
最短曝光时间/μs	3.2

续表 7-9

自动曝光控制功能	标配，根据实时画面自动调整最适合的曝光速度
浓度调阶	黑白：AD 转换 12 比特/彩色 AD 转换 36 比特（RGB 各 12 比特）
镜头卡口	F 卡口（对应 G 卡口），C 卡口，MFT 卡口（选配件）
触发方式	起始点，中央点，终止点，手动，随机，随机重置，随机中央，随机手动
尺寸/重量	$69(W) \times 70(H) \times 151.4(D)$ mm/0.98kg（不包含突起物，附属品）
保管温度/湿度	-20℃ ~ 60℃/85% 以下（无结露）
工作温度/湿度	0℃ ~ 45℃/80% 以下（无结露）

注：可供设定的曝光时间根据拍摄速度可能会有不同，详细请咨询。

表 7-10　摄像头［HS-01］摄像性能参数表

Camra Head HS-01 的摄像性能

解析度（像素）	拍摄速度/fps	记录时间		
		8GB 机型	16GB 机型	32GB 机型
1280×1024	4800	0.9	1.81	3.63
1280×1000	5000	0.89	1.78	3.57
1280×800	6000	0.93	1.86	3.72
1280×720	6000	1.03	2.07	4.14
1280×616	8000	0.9	1.81	3.63
1280×248	16000	1.12	2.25	4.5
1280×24	150000	1.24	2.48	4.96
1024×576	8000	1.21	2.42	4.85
896×720	6000	1.47	2.95	5.91
896×488	10000	1.3	2.61	5.23
768×768	6000	1.61	3.23	6.47
768×512	8000	1.81	3.63	7.27
640×480	10000	1.86	3.72	7.45
640×320	12500	2.23	4.47	8.94
640×8	200000	5.58	11.17	22.35

　　FAST Drive 产品参数、摄像性能参数见表 7-11 和表 7-12。FAST Drive 对应款主控制器产品参数见表 7-13。

表 7-11　FAST Drive 产品参数表

FAST Drive 2TB

外形尺寸/重量	27（H）×140（W）×199（D）mm/900g（不包含突起部分）
保管温度/湿度	-20℃ ~ 60℃/85% 以下（无结露）
工作温度/湿度	0℃ ~ 45℃/85% 以下（无结露）
最大使用高度	2000m
电缆线长度	50cm

表 7-12　FAST Drive 摄像性能参数表

FAST Drive 2TB 直接记录时的摄像性能

解析度（像素）	拍摄速度/fps	记　录　时　间	
		内置 DAQ 未使用时	内置 DAQ 使用时
1280×1024	750	21 分 42 秒	21 分 42 秒
1280×720	1000	23 分 9 秒	23 分 9 秒
1280×384	2000	21 分 42 秒	21 分 42 秒
1280×232	3200	22 分 27 秒	22 分 27 秒
1280×176	4000	23 分 40 秒	23 分 40 秒
1280×144	5000	23 分 9 秒	23 分 8 秒
1280×72	10000	23 分 9 秒	23 分 9 秒
1280×32	25000	20 分 50 秒	20 分 49 秒
1280×16	50000	20 分 50 秒	20 分 48 秒
1024×768	1000	27 分 7 秒	27 分 7 秒
896×504	2000	23 分 37 秒	23 分 37 秒
768×432	3000	21 分 26 秒	21 分 26 秒
640×480	3200	21 分 42 秒	21 分 42 秒
640×360	4000	23 分 9 秒	23 分 8 秒
640×8	200000	20 分 50 秒	20 分 44 秒

表 7-13　主控制器产品参数表

主控制器 （FAST Drive 对应款）	1ch 型	FASTCAM Multi Main Unit type 1ch-8GB-FD	容量 8GB
		FASTCAM Multi Main Unit type 1ch-16GB-FD	容量 16GB
		FASTCAM Multi Main Unit type 1ch-32GB-FD	容量 32GB
	2ch 型	FASTCAM Multi Main Unit type 2ch-8GB-FD	容量 8GB
		FASTCAM Multi Main Unit type 2ch-16GB-FD	容量 16GB
		FASTCAM Multi Main Unit type 2ch-32GB-FD	容量 32GB

7.6.4　MINI 式高速摄像机——FASTCAM Mini AX

MINI 式高速摄像机 FASTCAM Mini AX（小型化设计＋高灵敏度＋高画质）如图 7-21 所示。

7.6.4.1　产品说明

FASTCAM Mini AX 系列高速相机（高速摄像机）具有 120mm×120mm×94mm 小巧机身及 1.5kg 的轻量化设计。如此轻巧的机身却可以实现 1024×1024 像素下 6400fps、640×480 像素下 20000fps 及降低分辨率情况下可达 216000fps（AX200）的拍摄速度。

另外，这款相机可以达到黑白 ISO 40000/彩色 ISO 16000 的高灵敏度，可应用于流体、燃烧、微小物体观测等多种实验领域。

图 7-21　MINI 高速摄像机 FASTCAM Mini AX

7.6.4.2　产品参数

FASTCAM Mini AX 相机产品参数见表 7-14，FASTCAM Mini 相机摄像性能参数见表 7-15。

表 7-14　FASTCAM Mini AX 相机产品参数表

解析度	1024×1024
Max 拍摄速度（全帧）/fps	6400（200 款式）/4000（100 款式）/2000（50 款式）
Max 拍摄速度（分帧）/fps	216000（200 款式）/212500（100 款式）/170000（50 款式）
电子快门/μs	最短 1.05
像素尺寸/μm	20
拍摄方式	CMOS 图像传感器
灰度色标	黑白：A/D 变换 12bit；彩色：A/D 变换 36bit（RGB 各 12bit）
存储器容量	模式 1：4GB；模式 2：8GB；模式 3：16GB；模式 4：32GB
镜头接口	F 接口，G 型 F 接口，C 接口，M42 接口（选配）
触发模式	开始，中心，结束，手动，随机，随机复位

表 7-15　FASTCAM Mini 相机摄像性能参数表

	帧率	水平分辨率×垂直分辨率[①]
	200 款式	
Max 分辨率	6400	1024×1024
	8100	1024×768
	10000	768×768
	20000	640×480
	22500	512×512
	36000	384×384
	67500	256×256
	160000	128×128

	帧率	水平分辨率 × 垂直分辨率①
	216000	128 × 64
	216000	128 × 16
	100 款式	
	4000	1024 × 1024
	5400	1024 × 768
	6800	768 × 768
	12500	640 × 480
	13600	512 × 512
	21600	384 × 384
	37500	256 × 256
	76500	128 × 128
Max 分辨率	127500	128 × 64
	212500	128 × 16
	50 款式	
	2000	1024 × 1024
	2700	1024 × 768
	3600	768 × 768
	6000	640 × 480
	7200	512 × 512
	10000	384 × 384
	20000	256 × 256
	45000	128 × 128
	76500	128 × 64
	170000	128 × 16
触发输出	TTL，SW	
数字接口	千兆以太网	
外形尺寸	120mm × 120mm × 94mm/1.5kg（不含突起部分、附属品）	
保管温度/湿度	−20 ~ 60℃/95% 以下（无结露）	
工作温度/湿度	0 ~ 40℃/85% 以下（无结露）	
AC 适配器	100 ~ 240V，50 ~ 60Hz，63VA	
DC 电源	22 ~ 32V，55VA	

①除所记载的分辨率以外，还提供各种缺省分辨率设置。

练 习

7-1 叙述等待式相机和同步式相机的选择方法。

7-2 叙述分幅相机和扫描相机的选择方法。

7-3 叙述数字激光高速摄影系统的组成。

参 考 文 献

[1] 谭显祥，韩立石．高速摄影技术［M］．北京：原子能出版社，1990．

[2] 王仕璠，朱自强．现代光学原理［M］．成都：电子科技大学出版社，1998．

[3] 戴福隆，沈观林，谢惠民．实验力学［M］．北京：清华大学出版社，2010．

[4] 金观昌，孟利波，陈俊达，等．数字散斑相关技术进展及应用［J］．实验力学，2006（6）：689～702．

[5] Sutton M A，Wolters W J，Peters W H，et al. Determination of displacements using an improved digital correlation method［J］. Image and Vision Computing，1983，1（3）：133～139．

[6] 芮嘉白，金观昌，徐秉业．一种新的数字散斑相关方法及其应用［J］．力学学报，1994（5）：599～607．

[7] Shaopeng M，Guanchang J. Digital speckle correlation method improved by genetic algorithm［J］. Acta Mechanica Solida Sinica，2003（4）：366～373．

[8] Peters W H，Ranson W F，Sutton M A，et al. Application of digital correlation methods to rigid body mechanics［J］. Optical Engineering，1983，22（6）：738～742．

[9] 张军，金观昌，马少鹏，等．基于微区统计特性的数字散斑相关测量亚像素位移梯度算法［J］．光学技术，2003（4）：467～472．

[10] 潘兵，绫伯钦，李克景．梯度算子选择对基于梯度的亚像素位移算法的影响［J］．光学技术，2005（1）：26～31．

[11] Bruck H A，Mcneill S R，Sutton M A，et al. Digital image correlation using newton-raphson method of partial differential correction［J］. Experimental Mechanics，1989，29（3）：261～267．

[12] 吴加权，马琨，李燕．数字散斑相关技术中散斑颗粒尺寸大小对测量精度影响的研究［J］．昆明理工大学学报（理工版），2006（5）：121～124．

[13] Vikrant Tiwari，Sutton Michael A，McNeill S R，et. al.，Application of 3D image correlation for full-field transient plate deformation measurements during blast loading［J］. International Journal of Impact Engineering，2009，36（6）：862～874．

[14] Chi L Y，Zhang Z X，Aalberg A，et al. Fracture processes in granite blocks under blast loading［J］. Rock Mechanics Rock Engineering，2019，52：853～868．

[15] 赵清澄，方如华．光测力学教程［M］．北京：高等教育出版社，1996．

[16] 苏先基，励争．固体力学动态测试技术［M］．北京：高等教育出版社，1997．

[17] 雷振坤．结构分析数字光测力学［M］．大连：大连理工大学出版社，2012．

[18] Arun Shukla. Dynamic photoelastic studies of wave propagation in granular media［J］. Optics and Lasers in Engineering，1991，14（3）：165～184．

[19] 于起峰，张小虎，贺云．用改进的旋滤波消除散斑条纹图的散斑噪声［J］．现代力学测试技术，1998：336～339．

[20] 朱振海，杨善元．爆炸应力场的动态云纹－光弹分析［J］．爆炸与冲击，1987，7（1）：34～39．

[21] 毕谦．动态光弹－云纹混合法［C］．第六届全国实验力学学术会议论文集，1989：98～102．

[22] 龚敏，于亚伦．爆破动态应力场量化研究原理与初步实验［J］．爆炸与冲击，1997，17（1）：43～49．

[23] 云大真，于万明．结构分析光测力学［M］．大连：大连理工大学出版社，1996．

[24] Kobayashi. Handbook on experimental mechanics［M］. New Jersey：Prentice-Hall，Englewood Cliffs，1987．

[25] Ramesh K，Pramod B R. Digital image processing of fringe patterns in photomechanics［J］. Optical Engi-

neering, 1992, 31: 1478~1498.

[26] Dally J W, Riley W F. Experimental stress analysis [M]. New York : McGraw-Hall, 1978.

[27] 岳中文, 王煦, 杨仁树, 等. 一种动光弹模型材料的制作方法及其应用 [J]. 实验力学, 2017, 32 (2): 179~188.

[28] Li B, Yang G B. Research on dynamic photoelastic experimental method based on three-dimensional model [J]. Acta Mechanica Solid Sinica, 2010, 23: 210~214.

[29] 李斌. 动态光弹性 – 数字散斑相关混合法的研究与应用 [D]. 上海: 同济大学, 2013.

[30] 佟景伟, 李鸿琦. 光弹性实验技术及工程应用 [M]. 北京: 科学出版社, 2012.

[31] 方如华, 杨国标. 动态光弹性法中若干问题的近期研究进展 [J]. 实验力学, 2011, 26 (5): 491~502.

[32] 陈程. 爆炸波动场传播及其与裂纹作用机理研究 [D]. 北京: 中国矿业大学, 2020.

[33] 杨仁树, 桂来保. 焦散线方法及其应用 [M]. 北京: 中国矿业大学出版社, 1997.

[34] 苏先基, 励争. 固体力学动态测试技术 [M]. 北京: 高等教育出版社, 1997.

[35] Theocaris P S. Elastic stress intensity factors evaluated by caustics, in: G. C. Sih (Ed.) Experimental evaluation of stress concentration and intensity factors [M]. Springer, Netherlands, 1981.

[36] Kalthoff J F. The shadow optical method of caustics, in: A. Lagarde (Ed.) Static and dynamic photoelasticity and caustics [M]. Springer, Vienna, 1987.

[37] Papadopoulos G A. Fracture mechanics-the experimental method of caustics and the det. -criterion of fracture [M]. Spring-Verlag, London, 1993.

[38] Yao X F, Xu W. Recent application of caustics on experimental dynamic fracture studies [J]. Fatigue Fract. Eng. Mater. Struct. 34 (2011) 448~459.

[39] Yue Z W, Qiu P, Yang R S, Zhang S C, et al. Stress field analysis of the interaction of a running crack and blasting waves by caustics method [J]. Eng. Fract. Mech. 184 (2017) 339~351.

[40] Qiu P, Yue Z W, Yang R S. Mode I stress intensity factors measurements in PMMA by caustics method: A comparison between low and high loading rate conditions [J]. Polym. Test. 76 (2019) 273~285.

[41] Qiu P, Yue Z W, Yang R S, et al. Effects of vertical and horizontal reflected blast stress waves on running cracks by caustics method [J]. Eng. Fract. Mech. 212 (2019) 164~179.

[42] Qiu P, Yue Z W, Ju Y, et al. Characterizing dynamic crack-tip stress distribution and evolution under blast gases and reflected stress waves by caustics method [J]. Theor. Appl. Fract. Mech. 108 (2020) 102632.

[43] 林杏全, 陈武秀. 纹影法及其应用 [J]. 华中师院学报, 1980: 42~48.

[44] J W. Hoash and J. P. Walters, Appl. Opt, Vol. 18, No. 2, 473~82 (1977).

[45] D S. Dosanlh, Modern Optocal Methods in Gas Dynamic Reserch, 120, 130.

[46] T P. Pandya, A. K. Saxona and B. C. Srivastava, Rev Sci. Instrum, Vol. 47, No. 10, 1299~1302 (1976).

[47] Boye Ahlborn and Christophpr A. M. Humphrise, Rev Sci. Instrum, Vol. 47, No. 5, 570-3 (1976).

[48] Jack G Dodd, Appl. Opt. , Vol. 16, No. 2, 470-2 (1977).

[49] 高祥涛. 切缝药包爆轰冲击动力学行为研究 [D]. 北京: 中国矿业大学, 2013.

[50] 尹协振, 续伯钦, 张寒虹. 实验力学 [M]. 北京: 高等教育出版社, 2012.

[51] 左进京. 立井深孔分段掏槽与周边定向断裂损伤控制试验研究 [D]. 北京: 中国矿业大学, 2020.

[52] 谭显祥. 光学高速摄影测试技术 [M]. 北京: 科学出版社, 1990.

[53] 龚祖同, 等. 高速摄影总论与间歇式高速摄影机 [M]. 北京: 科学出版社, 1983.

[54] 乔亚天. 光学补偿高速摄影 [M]. 北京: 科学出版社, 1984.

［55］ 田少文，等. 第五届全国高速摄影与光子学会议论文摘要专集［C］. 1987，A-43：22.

［56］ Bixby, J. A., SMPTE, 92 1983. No 7, 729.

［57］ Lowe, M. A., Proc. of the 9th ICHSP*, 1970, 26.

［58］ 杨立云，许鹏，高祥涛，等. 数字激光高速摄影系统及其在爆炸光测力学实验中的应用［J］. 科技导报，2014，32（32）：17～21.

［59］ 高祥涛. 切缝药包爆轰冲击动力学行为研究［D］. 北京：中国矿业大学，2013.

［60］ Dally J W, Riley W F. Experimental stress snalysis［M］. New York：Mcgraw-Hill College, 1991.

［61］ Cranz C, Schardin H. Kinematograohic auf ruhendem film and mit extreme hoher bildfrequenz［J］. Zeitschrift für Physik A Hadrons and Nuclei, 1929, 56（3）：147～183.

［62］ Christie D G. A multiple spark camera for dynamic stress analysis［J］. Journal of Photographic Science, 1955, 3（1）：153～159.

［63］ Dally J W. An introduction to dynamic photoelasticity［J］. Experimental Mechanics, 1980, 20（12）：409～416.

［64］ Riley W F, Dally J W. Recording dynamic fringe patterns with a Cranz-Schardin camera［J］. Experimental Mechanics, 1969, 9（8）：27～33.

［65］ Dally J W, Sanford R J. Multiple ruby laser system for high speed photography［J］. Optical Engineering, 1982, 21（4）：704～708.

［66］ Boleslaw S, Hiller W J, Meier G E A. A light pulse generator for high speed photography using semiconductor devices as a light source［C］//International Society for Optics and Photonics, 18th International Congress Proceedings of High-Speed Photography and Photonics, Bellingham. USA：SPIE, 1989：894～901.

［67］ Bretthauer B, Meier G E A, Stasicki B. An electronic Cranz-Schardin camera［J］. Review of Scientific Instruments, 1991, 62（2）：364～368.

［68］ Hiller W, Lent H M, Meier G E A, et al. A pulsed light generator for high speed photography［J］. Experiments in Fluids, 1987, 5（2）：141～144.

［69］ Boleslaw S, Meier G E A. Computer-controlled ultra-high-speed video camera system［C］//International Society for Optics and Photonics, 21st International Congress Proceedings of High-Speed Photography and Photonics, Bellingham. USA：SPIE, 1995：196～208.

［70］ Zehnder A T, Rosakis A J, Krishnaswamy S. Dynamic measurement of the J integral in ductile metals：Comparison of experimental and numerical techniques［J］. International Journal of Fracture, 1990, 42：209～230.

［71］ Zehnder A T, Rosakis A J. Dynamic fracture initiation and propagation in 4340 steel under impact loading［J］. International Journal of Fracture, 1990, 43（4）：271～285.

［72］ Suetsugu M, Shimizu K, Takahashi S. Dynamic fracture behavior of ceramics at elevated temperatures by caustics［J］. Experimental Mechanics, 1998, 38（1）：1～7.

［73］ 曹彦彦，马少鹏，严冬，等. 岩石破坏动态变形场观测系统及应用［J］. 岩土工程学报，2012，34（10）：1939～1943.

［74］ 李斌，杨国标. 光弹性 - 数字散斑相关混合法在光弹条纹主应力分解中的应用［J］. 实验力学，2013，28（2）：180～186.

［75］ 杨立云，杨仁树，许鹏. 新型数字激光动态焦散线实验系统及其应用［J］. 中国矿业大学学报，2013，42（2）：188～194.